時間
活用術

編著 吳惠璘

晨星出版

前 言

　　本書內容是筆者多年職涯經驗中，關於時間管理的總整理，將以往僅限於課堂或談話的概念，徹底轉換成簡單行動及練習。筆者定位此書為工具書，而非傳統的大部頭的概念書，將時間管理的重要觀念，透過簡單說明及舉例。如：有限的時間內，先專注投入重要的事情；先做對的事情，再把事情做對；將大任務拆解成小任務，依序完成等概念，反覆出現於各章節中。讀者們就算沒有從頭到尾讀完，也不需有壓力，透過有興趣的章節，快速而立即地獲得時間管理的重要概念，善用於生活中，一步一腳印，朝著自己的人生目標前進。

　　此外，除了理解之外，內化亦需要練習，所以筆者在每個章節都盡可能安排相關小練習，幫助讀者透過實作，來逐步建立時間管理的觀念及習慣。

　　在職場工作十幾年，時間管理概念雖耳熟能詳，但都僅止於課堂教授，實際應用練習機會並不多。藉由這次撰寫的寶貴機會，除重新整理、安排時間管理相關概念外，也將筆下文字在自我生活中重新操練、應用，除了自我生活效率大為提升外，對於職涯、人生的一些觀念，也像打通任督二脈似的，懂了！通了！真是太感謝這次寫書的機會，想著助人卻也無意中幫助了自己，彌足珍貴。

　　希望您也覺得受用！

目 次

Chapter
3

時間管理技巧：
讓你準時完工的高效排程法

Chapter 4

善用每一天的時間：
24 小時分配法

Chapter 5
訂立長期計畫的要訣：
教你如何分段進行、一步步完成

Chapter 6
菁英者都在用的「經營時間」法：
擁有的不是「多出的時間」，而是一種成功習慣

附錄　你的個人時間活用術：
時間管理心法圖表 17 選

Chapter 1

從改變心態開始：

時間夠用、產出增加、

人生變得更美好

1-1 時間管理能讓作業效能倍增

「我每天加班熬夜，為什麼工作老是做不完……」

「deadline就要到了，我的壓力好大喔……」

　　身處於資訊爆炸的現代社會，每個人可能都同時身負好幾項工作，然而一樣只有 24 小時，為什麼有人可以脫穎而出、自在生活，有些人卻只能怨天尤人、原地懊惱，關鍵就在於「時間管理」。

　　時間管理就是透過技巧、技術、工具來事前規畫，人們依著規畫來行動，進而完成既定目標。好處有：

1、將時間用在刀口上

　　面對手上同時而來的無數待辦事項，透過思考歸納、訂立計畫，於每日精華時間內如實執行，讓作業效能倍增。

2、練習判斷事情輕重緩急

　　運用「緊急」、「重要」為坐標，畫分成「自我時間象限表」中，練習將手上待辦工作分別歸納入象限裡，由「重要 vs 緊急」的事情開始著手，確立事情完成優先順序。

3、習慣先思考後行動

　　面對交付之任務，「正面」以待，心想學習機會又到了，先深刻思考任務目的及輕重緩急，再歸納入重要／緊急之「自我時間象限

表」中；如實如期地執行「自我時間表」，就不會心生焦慮，活出自在人生。

4、面對誘惑及懶散說不

練習在該休息的時候好好休息，該拒絕的時候說不，該去做事的時候積極行動，將每一個動作、片刻做到極致，鍛鍊自我意志力及執行力。

5、自己寫人生腳本

如同成功學大師史蒂芬柯維（Stephen Richards Covey）提出的「以終為始」這個原則，將「時間管理」概念落實於人生裡，先釐清自己的目標，確立人生的方向，落實在每天每刻，成就自我人生。

6、多方培養斜槓能力

在工作及人生落實時間管理，將多出來的時間，發展自我興趣，除了讓生活更精彩有趣，也順帶發展斜槓能力，充分面對未來挑戰。

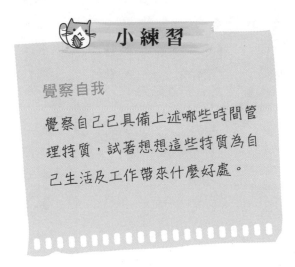

小練習

覺察自我

覺察自己已具備上述哪些時間管理特質，試著想想這些特質為自己生活及工作帶來什麼好處。

落實時間管理的嚴長壽先生

　　身為觀光教父、公益企業家的嚴長壽先生，剛出社會時，在美國運通公司擔任傳達小弟，他要求自己每天提前一小時到辦公室，**將每日工作先行規畫準備**，仔細整理分類所有的資料、文件，擬定最佳傳遞路線，**透過這一小時的先前計畫，使其每日都能提高工作效率**，迅速達成任務；**運用每日的多餘時間**，把同事不願意做，不想做的事，自願接下來做，透過做中學，多方深入學習。透過落實時間管理，嚴長壽先生奠定了日後成功的重要根基。

1-2 學生和社會人士的用法不同？

「我只是學生，時間管理是大人或上班族的事情，應該跟我沒關係吧？」

「我只是員工，聽命行事就好，時間管理是主管或老闆才需要吧？」

其實，時間管理只是輔助工具，不分角色，因為其運行邏輯、道理都是相通。我們都是自己人生的主角，以「我」的角度來出發、思考，透過時間管理的協助，獲得個人成長及想望。所以，要開始任何任務之前，我們不妨思考：

1、「我」為什麼要做這個任務？

2、「我」可從這件任務得到什麼？

· 學生 1：

反正就是老師決定，該做什麼就做什麼，每天要應付的事情那麼多，哪有時間思考目的？好處在哪裡？

· 學生 2：

這個作業、考試，除了要驗收我們吸收的程度，還是希望我們透過重複練習，更熟悉這門課程。不管是什麼，透過我持續專注投入，從教材中建立基礎，再佐以參考、閱讀相關資料，建立完整的理解、脈絡，要融會貫通、舉一反三應該是相對的容易，不管是什麼考試，都可以迎刃而解吧！再說了，我把這門課讀懂讀通，多出

來的時間，我就可以做自己喜歡的，或投入在其他更重要的事情上。

· 上班族 1：

都是老闆交辦的任務，當一天和尚，敲一天鐘！我是拿人薪水，與人消災！事情已經這麼多了，想那麼多，沒意義、浪費時間……

· 上班族 2：

交辦的新任務目的是什麼？老闆期待的成果是什麼？也許跟我職務好像沒有直接關係，但做好這個工作，說不定對我現在的工作會有幫助，我也趁機多學一點經驗，能力也會愈來愈強，擴充我的職涯履歷！

從上述，我們大概都可分辨得出，誰才是自己人生的主人！試著養成看到每件任務背後意義的習慣，將寶貴的時間、注意力投資在自己的成長，為自己加分，邁向理想中的幸福人生！

小練習

當自己的主人

試以目前手上的任務為例，思考「我」為什麼要做這件事，對「我」的好處是什麼，寫下來；試行兩周，察覺現在自己的狀態跟以前有什麼不一樣？

將工作轉為成長的機會

同樣時間裡，「交辦任務」、「個人成長」是可以同時完成的！有些人不知為誰而戰，敷衍上班、成天唉聲嘆氣，抱怨連連。

有些人卻在工作中努力學習，獲得成長，薪水反而是額外附加的好處，甚至還無形中增加自己的競爭力，對自己愈發有信心。

長久下來，兩種人的成長肯定高下立判！

1-3 以「有更多時間享受幸福」為目標吧！

「好想要出國唸書喔，但我沒時間唸英文、存錢……」
「好想去哪裡long stay喔，但我沒錢沒時間……」

　　這些內心呼喊，我們或多或少都曾出現過，「沒時間」已不知不覺變成理由、口頭禪，我們常常為了繁瑣無意義的事物或人情，不自覺地在挪用寶貴的時間帳戶，使得我們常常被時間壓力壓得喘不過氣；代價就是錯過人生重要的時刻，沒有完成我們所重視的事情，甚至讓自己獨有的夢想跟願望被時間壓力所犧牲，多麼不值得！

　　想要擺脫時間壓力的追逐，空出時間來追求人生目標，唯有放下慣性，全新審視自己。覺得說起來容易，做起來難嗎？也許可以循著以下思考，逐一落實，享受幸福。

1、根據個人的需求來安排時間

　　以自己的需求及目標為優先，給予自己很重要的事情優先權，重新把關注放回這些重要的事情上，要做就做重要的事情。

2、從唯恐錯過的恐懼中解放

　　放下「很可惜、不做可能會怎樣」的念頭，將目前生活中不需要或無關緊要的事情列出，然後大刀闊斧地捨棄，為我們寶貴的時間帳戶多點存款，完成對我們重要的事情。

3、每個今天都只有一次，都是禮物

　　與其老是想著未來，想著下一步，倒不如安然自在地好好面對、處理眼前我們選擇的重要事物，好好地、用心地完成它。唯有體會當下的美好，才容易放下焦慮的習慣，享受彌足珍貴的每分每秒。

　　世界如此遼闊，時間如此珍貴，對我們來說，什麼才是最重要，才值得我們努力不懈的追求呢？屏除雜物雜事，把時間跟專注力放在深入探索自我，享受幸福人生，完成自我人生大夢吧！

小練習

實踐人生目標

在時間許可下，偶爾拋開求快的習慣，在日常生活中找出一件，自己很有興趣或很重要，但一直都沒時間做的事情來實行，覺察自己心裡跟身體跟平常有什麼不一樣，並記錄下來。

行程排得滿滿，不等於時間管理得好

少就是多，擁有豐富物資或是將行程排滿，不代表就是豐富人生。

擁有滿滿的衣櫃，其實穿的就是那幾件，其他不過是佔用寶貴空間，擾亂心志；冰箱裡有滿滿的食物，其實來得及吃的就幾樣，其他的唯恐過期需要丟掉或送人。

每天滿滿的行事曆，但跟自己人生目標有關的事項有多少？有沒有可能大多是虛耗專注力、精力或金錢的瑣事呢？

每個人生都只有一次，時間有限且寶貴，多留一些時間給自己的幸福吧！

1-4 請立即改掉「拖延」的壞習慣！

「過兩天就要交一份很重要的報告，但今晚剛好是最喜歡的影集剛上映，看完之後，再來追進度……」
「打開電腦，發現好多訊息，回一下訊息好了……」
「朋友在IG或FB更新狀態了耶，我滑一下下好了……」

　　這樣的狀況是時間管理的殺手，我們的生活常常會充斥著類似的場景，拖延可說是天性，只是方式跟程度每個人不同。為什麼執行任務時會想拖延呢？因為任務可能是：

- ☑ 很無聊、無趣
- ☑ 讓人很有挫折感、很困難
- ☑ 不夠明確或清楚
- ☑ 對個人意義不大
- ☑ 不夠有吸引力

　　那我們可以怎麼做，來對抗拖延呢？

1、列出拖延任務清單

　　靜下心來，將我們生活中，有意無意想要拖延的任務，一一條列出來。

2、寫出相對應的損失及好處

　　寫出每個拖延任務，如果沒有準時完成，可能會損失多少時間、金錢或個人信用；然後再列出若準時完成，可得到什麼好處。

3、開始就對了

　　選個損失最高，或是完成後好處最多的任務開始試試。設定計時器，剛開始可以是 15 分鐘，反正開始就對了！只要計時器一響，我們可以決定要不要繼續做下去，或改做別的事情。

　　因為我們在害怕或討厭做某件事情前，害怕或討厭所耗費的時間跟專注力，遠比真正做這件事情還要多。且根據經驗，只要開始且投入時間後，通常會發現手上的這件任務，沒有想像中的困難或討厭，就會想要繼續做下去，或者是不這麼想拖延了。

4、獎勵自己

　　設定目標，對於任務，只要持續投入，就可累積獎勵。舉例來說，如果以 15 分鐘計時基準，每投入 15 分鐘，就給自己 15 元，等到任務完成，或告一段落，就拿累計的獎金，買杯咖啡或美食，獎勵堅持的自己。

小練習

列出拖延清單

依循上述內文，列出目前的拖延清單，並且列出相對應的損失及好處。

拖延症有沒有藥醫？

為什麼可以大膽的說「每個人都會拖延」？這是有科學根據的！

每天我們大腦裡「邊緣系統」及「前額葉皮質」都會互相拉扯，影響每個決策。大腦邊緣系統是人類發展很早的部分，負責我們的情緒和本能，它常會讓我們跟著本能，屈服於情緒及誘惑，也是拖延的推手；前額葉皮質，負責理性、邏輯，它是讓我們奮力完成重要任務的推手。

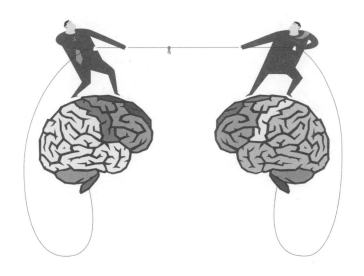

★ 邊緣系統及前額葉皮質相互拔河

列出拖延清單，具體瓦解討人厭的任務，**強化前額葉皮質**，就能有效克服拖延。

1-5 關於時間管理的 5 個誤會

「要做好時間管理、增加效率還不簡單,就邊回訊息、邊寫企畫,順便再回個email,同時進行好幾件事情。」

「時間管理就是要工作有效率,所以要盡量縮短休息時間,將工作趕緊完成。」

除了上述,關於時間管理,常見的誤會還有:

1、快速反應、快速執行才是王道

.普遍印象:

接到任務後,趕快執行,就能趕快完成。

.建議做法:

接到任務後,先釐清目的為何,再依據其重要程度、時間緊迫性,放入行事曆,有規畫地依序執行。

2、完成事情愈多,成就愈大

.普遍印象:

盡可能將事情一次排入行事曆中,排滿就是把效率最大化,將自由時間降到最低,成就可能愈大。

.建議做法:

重質不重量,將專注力放在重要的事情,少分心於瑣碎臨時事

項，每天仍保有彈性及自由時間，除面對偶發事件能有餘裕面對，還可保持思緒暢通，增加專注力及腦力。

3、多用網路、3C設備協助提升效率

· 普遍印象：

　　有了手機、電腦，除了查詢資料非常方便外，也可以同時解決好幾件事情，真有效率。

· 建議做法：

　　執行任務前把所需資料先準備好，有意識的「暫時失聯」、「關閉電腦」，盡量不讓 3C 設備打斷我們的思緒，佔用我們的時間。

4、同時進行好幾件工作，可節省更多時間

· 普遍印象：

　　盡量事情都排在同個時間點進行，這樣既不用擔心還有事情沒完成，也很有成就感！

· 建議做法：

　　科學報導早已證明，同時多工不是讓我們增加效率，反而是很難專心，導致於總體所需要的時間更久。建議把事情依據重要性、截止時間，依序進行。

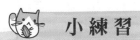 小練習

專注力練習

每天找一個時段，1～2小時有意識地關掉提醒，不看手機、電腦，將注意力專注在任務上。執行一周後，覺察自己的效率是否有何變化。

少就是多

「多工作業」源自於電腦專有名詞，意指同時開啟多個視窗進行作業，我們早也徹底實行，成為生活的日常。其實，多工作業除了需要多花時間，將專注力拉回來外，事情完成的品質也不佳；此外，時常身處多重壓力及焦慮下，對於身體健康也有長期的負面影響，影響個人極大。

在時間管理上，反而**少即是多**，將焦點放在重點，減少不必要的安排，善用減法，讓我們更清楚自己想要什麼，獲得更多幸福。

1-6 沒時間的瞎忙人士 vs 高效率成功人士

「早上起床，到晚上睡覺，時刻都不停歇，為什麼事情永遠做不完？」

「每天準時上班，必要時也會加班，老闆交代什麼就做什麼，為什麼每次要升官加薪，總是輪不到我……」

美國前總統羅斯福：「時間是個花瓶，就看你插進去的是水飛薊，還是玫瑰。」時間是公平的，成功的人或是普通人都是一樣 24 小時，成就卻大不相同，那麼差別只在於品質及完成度。接連不斷的行程安排，只是執行，卻沒有思考背後的意義，就如同只是忙著擦流了滿地的水，卻沒時間抬頭關掉水龍頭的開關。

那麼，邁向高效率的成功之路，可參考以下重點：

1、找出任務的優先順序

空出時間，將所有任務列出，以重要性、時間急迫性的角度來思考，排列任務的優先順序，然後再思考每件事情執行內容及所需時間，再將這些任務規畫入行事曆中，依照優先順序，如實執行。

2、專注完成重要的任務，而非所有的任務

將重要任務盡量排在專注力好的時刻，按照規畫執行，有品質地完成。就算無法將所有待辦任務完成，再將未完成任務，安排至接下來幾天的行事曆中完成，避免焦慮。

3、把注意力放在自己的成長上

務必把自我成長的任務排入行事曆外，此外，盡量不要把注意力放在別人的「錯」及「缺點」；可以的話，觀摩別人做對了哪些事，如何做對，及哪些事做得很好，以吸收經驗，獲得成長。

4、建立人生目標

與其哀嘆人生都是完成別人的期望，不如拿回自己的主導權，思考人生的想望及目標，依著目標，規畫達成內容、步驟，如實執行。

讓我們將時間花在刀口上，不再瞎忙，人生因為自己而偉大！

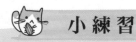 **小練習**

把焦點放在自我成長

審視目前的任務清單中，哪些項目關於自我成長。如果沒有或低於 20%，請增加自我成長項目的比例。

好好把事情做對

在任務開始之前，別急著立刻跳下去執行，多花一些在於事前了解，為什麼有這個任務、任務的主要目的、主管、同事們對於任務的期待等，確定方向之後再去做，比較容易事半功倍，完成超乎期待的品質。

突然插入的這3個任務，會影響到A專案的進度，我只能接2個，另外一個請甲同事支援處理吧！

1-7 時間小偷在哪裡？

「早上接到好幾通詢問的電話,混亂的桌面一時找不到昨天準備的資料,打開電腦準備查閱,才發現電腦光是開機就花了好久時間;混亂搞定,同事來討論昨天的會議,順便聊天……不知不覺已經快中午了,工作還沒正式開始……」

在我們的工作及生活中,寶貴的時間常因為類似狀況,不知不覺中被偷走了。我們可以如何對抗人生中的時間小偷?

1、3C設備短暫頻繁地打斷

網路、3C 將人類文明及生活,往前推進了一大步,但相對的人們也被不重要的電子郵件、大量的網路資訊及空洞的網路討論,控制了生活,不僅自由時間愈來愈少,忙亂、焦慮的感覺也倍數增加!

我們可以做的是:

- 關掉所有3C設備的提醒:在固定時間查閱回覆訊息、郵件。
- 限制使用3C設備的時間:在行事曆裡規畫固定使用3C設備的時間,除非緊急突發狀況,其他時間盡量遠離。
- 有計畫的溝通聯絡:先想好每次溝通的目的、內容,有意識地溝通聯絡,幫助聚焦,掌握時間。

2、混亂的環境及沒有規畫的工作節奏

　　混亂的工作環境及沒有時間步驟的待辦工作事項，陸續增加，感覺每件都很緊急、很重要，但卻又不知道從何開始下手。原來，時間小偷也藏在這裡，正在蠶食鯨吞我們寶貴的時間。

　　我們可以做的是：

‧建立規畫整齊的工作環境：使資料易於查找，工作心情愉快。
‧建立重要優先順序：審視現有所有的工作任務，依照重要、緊急程度來排序，最重要的優先處理，不重要的就不理或先擺在一旁。

　　富蘭克林說：你熱愛生命嗎？那就別浪費時間，因為時間是組成生命的材料。透過有意識地覺察，把時間留給最重要、最寶貴的事物上吧！

小練習

拿回自己人生的主導權

打開目前行事曆，用顏色標示我們覺得重要的事情，最後大膽拿掉沒有標示的事情吧，因為這些事情其實也許不重要，或可有可無。這個動作可以幫我們從時間小偷那裡，拿回珍貴的時光。

隱形的時間小偷：沒有目標的人生

　　沒有目標的人生，除了沒意識到時間的寶貴之處外，也容易把主導權交給別人，除了會覺得時間是用來消耗的之外，即使訂好計畫，執行過程也變得有氣無力。此外，為了迎合他人目標，自己也永遠只能痛苦地過著被時間追著跑的生活。

　　所以，要想從根本來對抗時間小偷，那麼就先從訂定自己的人生目標，拿回自己人生的主導權開始！

是你自己沒管好，別怪我這個小偷。

1-8 做對的事情？把事情做對？

　　我們常聽到「做對的事情」、「把事情做對」，究竟對於時間管理來說，到底哪句話是對的呢？答案是——都對，不過要有先後順序。**先做對的事情** (Do the right thing)，**再把事情做對** (Do the things right)！

　　因為若一開始方向錯誤，效率愈高則後果愈難收拾；若方向正確，做對的事情，即使偶有拖延，只要在最後期限內完成，都能有巨大的收益。

　　然而，什麼是對的事情呢？什麼事情要先做呢？

　　個人工作的話，**對整體工作愈重要的任務**就是首選，先完成對的事情，使重要的任務都有達成，績效自然就會好，多餘的時間還可以用在家庭生活或自我成長上，事半功倍，非常適合時間緊湊的現代人。

　　個人生活的話，**符合自己的人生目標、幫助自我成長**就擁有絕對優先權，因為這可以使我們心想事成，朝人生目標愈來愈近，為未來目標多些餘裕及規畫空間。

團隊或組織的話，對的事情就是要符合核心目標，為組織成長的原動力，是專案能否起始運作的最主要因素；良好的執行就是「把事做對」，是為組織前進的推進力，將組織人資、研發、行銷、財務等各方面，做有效率的組合，對的事情（核心策略）就能被正確、有效率的執行。

雖然，活在當下很重要，每個過程都很重要，但人生苦短，我們永遠不知道下一刻會發生什麼事，與其悔恨千金難買早知道，倒不如在著手努力前，先看清楚目標，先做對事情，再把事情做對、做好！

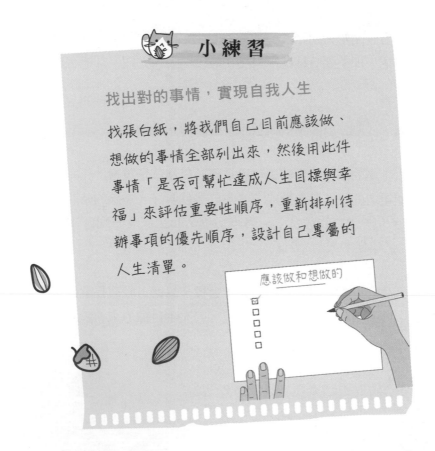

小練習

找出對的事情，實現自我人生

找張白紙，將我們自己目前應該做、想做的事情全部列出來，然後用此件事情「是否可幫忙達成人生目標與幸福」來評估重要性順序，重新排列待辦事項的優先順序，設計自己專屬的人生清單。

應該做和想做的

有趣的是，因為不同的遭遇或機緣，我們在每個階段可能都會有不同的想望、人生目標。所以建議保持彈性，每隔一段時間，可以把自己的人生待辦事項清單拿出來，一一檢視，有些可能已經不重要了，那就**勇敢刪掉**；有些事的重要性也許提高了，那就大刀闊斧地將排名往前。重新規畫自己專屬的人生清單，邁向幸福人生。

你比你想的更勇敢——刪掉！

Chapter 2

挑選
時間管理工具：
各種好用的模組供你使用

2-1 善用時間的第一步：寫下「任務清單」

「每天都有例行事務要執行、主管前天交辦的任務還沒開始做、合作夥伴提出資料需求，要求我儘速提供；下周又有重要會議，要花時間彙整報表資料；檢定日期快到了，要加緊進修英文……好忙喔！」

要解除類似的焦慮，時間管理就是最好的幫手；如何開始時間管理，不妨可採用以下步驟：

1、寫下任務清單

· 將手上所有待辦事項，包含工作、家庭、個人事項，一併列出。

· 工作項目應盡量明確清晰，容易開始行動，增加執行意願。

2、安排優先順序

· 依據當下的情況，按照任務的重要及緊急程度，安排優先順序，填入行事曆，按部就班執行。

· 以優先順序為參考，盡量減少不重要、不緊急的任務，讓專注力及寶貴的時間，盡可能投注在重要的任務上。

3、務實預估完成時間

· 預估完成時間前，應盡可能收集相關資訊、了解該任務的難易複雜程度，來預估符合實際需求的時間安排。

· 建議在預估時間外，多保留一些彈性時間，以利應對突發狀況。

4、標註明確的任務截止日

· 每項任務都有明確的執行**截止日**，驅動自己完成任務，也能協助我們準確衡量時間分配，時間花在刀口上。

· 保持彈性，依據執行現況，隨時調整，以因應突發狀況。

 小練習

時間管理隨時都可開始

拿張白紙，練習把目前工作、個人的待辦項目都寫出來，然後依著上文的建議，完成自己專屬的任務清單。如果可以的話，如實如期執行 1～2 周，察覺自己的生活、心態有何變化。

個人專屬任務清單範例

目標	任務	預計所需時間	截止日
工作任務	· 收發mail	40分鐘	每天
	· 回覆客戶詢問（優先）	20分鐘	每天
	· 每周營業報表	3小時	每周五中午
	· 電話開發新客戶（優先）	5小時	每周四下班
	· 拜訪客戶（優先）	1天	每周四下班
	· 製作下季個人業務重點簡報（優先）	2天	月底
	· 開會	1小時	每天
自我成長、更新	· 增進英文程度（優先）	30分鐘	每天
	· 慢跑（優先）	1小時	每周3天
	· 瑜珈	1小時	每周1天
個人、家庭生活	· 跟家人、朋友聚會（優先）	4小時	周末
	· 在家做菜	3小時	周末
	· 閱讀（優先）	1小時	每周五
	· 看電影	3小時	周末
其他	· 採購食物	1小時	周末
	· 加油	20分鐘	周五
	· 剪髮	2小時	周末

2-2 用「事前準備與規畫」解決工作焦慮

「下周有老闆的重要會議，要花時間準備會議資料，還要跨部門協調，還有日常工作要做，開始莫名焦慮，連覺都睡不好……」

　　面對工作，容易感受壓力及焦慮是人之常情。然而身體會不自覺將專注力放在焦慮，不僅容易疲憊，真的面對重要任務也會後繼無力；無力達成任務，又將導致更多焦慮、不安，如此惡性循環，使我們事倍功半，成就感低，更是讓壓力及焦慮常伴左右。

　　我們可以透過以下步驟，減少焦慮帶來的惡性循環：

1、確實完成任務清單

　　將手上所有待辦事項及目標列出，再預估所需時間，依重要性排名，列出任務起始、截止日，完成自己的任務清單（可參閱單元 2–1）。

2、思考任務目標

　　「做對的事情」是一種前瞻的心態，事前多花時間收集、了解或溝通，確定該任務方向及目標，想清楚再執行，就可以事半功倍，就算事後需調整，也不至於花太多功夫。

3、列出完成任務所需的項目

　　確認目標後，列出各單一任務所需的所有項目。可依因果關係，將項目排列先後順序；或也可利用心智圖或樹狀圖，把第一層項目列

出後，再往下層列出執行細項、預估完成時間及負責人。以此排入行
事曆中，確實執行。

4、放下對未來的擔憂

　　如果是較複雜的任務，任務裡也許包含著可掌控、不可掌控的項
目。針對可掌控的項目，依照規畫，如期確實執行即可；針對不可掌
控的，可放下「完美主義式的期待」，相信我們真的已經盡力了，設
立客觀的停損點，免得幫自己製造虛幻的期待與壓力。

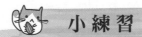

小練習

消除焦慮小幫手

透過興趣、喜好與適當的運動，能幫
助我們放下無形的焦慮，將寶貴的專
注力放回工作、人生最重要的事。所
以試著找出自己的喜好及可以接受的
運動，每周至少從事3～4次，施行
一個月後，覺察自己的焦慮狀態有何
改變。

時間管理象限

1、將「緊急」、「重要」分別落入X、Y軸，分為4個象限。

2、「重要且緊急」的任務，需要優先執行。

3、其次，再依個人狀況，執行「緊急但不重要」、「重要但不緊急」任務。一般來說，因為時間壓力，所以通常會先選擇執行「緊急但不重要」的任務，但如果想達成遠程人生目標，我們就必須在「重要不緊急」中，放入更多比例的時間。

4、時間非常寶貴，若發現我們常被「緊急不重要」的瑣事所困，代表我們需要學會對不重要的事情勇敢說「不」；「不重要不緊急」的任務，則盡可能捨棄。

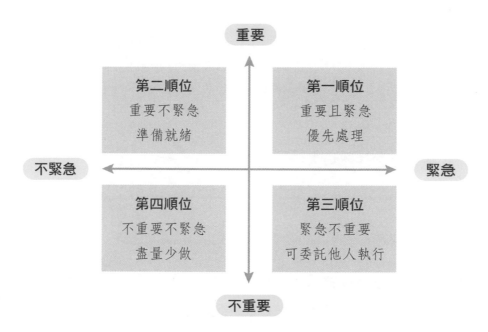

2-3 請把「任務清單」填入行事曆

「我按照任務清單的優先順序來處理事情，結果⋯⋯我同一件事花了太多時間，還有好多事情還沒做，怎麼辦？」

「當我試著將任務清單的任務，填入行事曆時，有限的行事曆總是不夠填耶⋯⋯」

當我們完成自己專屬的任務清單後，先恭喜自己，因為我們在人生的時間管理上跨出了一大步。接下來的關鍵就是要確實執行，想要如實如期執行，則是要靠行事曆的力量。

行事曆是引領我們完成每日工作的好幫手，因為行事曆的每日時數是固定的，所以當我們試著把太多事項填進有限的記事空間裡時，就會立刻查覺行不通。關於任務清單如何填入行事曆，以下是幾個小建議：

1、先將固定任務填入行事曆中

忠實呈現每日生活，將生理需求，如睡覺、用餐等或開會、拜訪客戶等非我們自己單方能決定、變更的行程，填入每日行事曆中，剩下的空餘時間，則依照任務清單，排入自己規畫的任務。

2、先排入重要任務

請先排入重要的任務，並盡量把重要任務執行時間，安排在自己專注力最好的時間，如早上，將執行效率及品質最大化。

3、拆解複雜任務，並轉換成時數

　　將複雜的任務一一拆解，在截止日前，依所需要的時數，填入行事曆中；將任務拆解，除容易著手外，原本很難的任務，也不過是幾個小任務的組成。無形中也增加執行意願，也協助分散工作壓力及焦慮。

4、留點時間給自己

　　對我們來說，行事曆上的空格就是自由時間。可以的話，盡量不要將行事曆所有空格填滿，除了留點時間讓自己休息充電外，還要留點餘裕或彈性時間，處理重要任務臨時發生的意外狀況。

小練習

完成自己專屬行事曆

依照上述建議，完成自己專屬的行事曆，並試著如實如期執行一周。覺察自己的生活及工作壓力是否有任何改變？

任務清單和行事曆的關係

　　待辦清單是我們希望完成的任務事項清單，將清單上任務排入行事曆則是落實時間管理、效率工作的關鍵。當我們無法按照行事曆上的規畫，如期如實完成任務時，或是此任務老是被延後，無法加入行事曆時，此時我們就必須回去任務清單上檢驗，此項任務當初評估的可完成時間，或重要程度是否需調整。

　　如此反覆、比對、調整執行，相信任務清單、行事曆都是我們時間管理相輔相成的好幫手。

2-4 依行事曆規畫進行，目標就容易達成

「待辦事項上任務這麼多，我要怎麼做，才能把這些任務都完成呢？」

「除了例行要做的事情外，我要如何運用行事曆空檔，完成任務呢？」

　　善用行事曆就像是擁有井然有序的袋子一樣，任務依空間、功能分門別類地放置好，一目瞭然的簡單取用及有效率地完成，幫助我們順利地達成生活、工作、人生目標。該如何善用行事曆，可參考下列重點：

1、以小時為單位

　　一天 24 小時，除了睡眠、用餐、通勤等個人時間後，再扣除單方不能變更的任務，如例行會議等，我們就可以清楚明白每天還有多少時間可以利用，再依優先順序排入任務。

2、善用零碎時間

　　一天之中有時是有些零碎時間，如會議提前結束的空檔，或是臨時取消會議，突然空出的時間。如果我們可以將一件任務透過縝密的思考，切割成很多步驟，每個步驟可以在 20 ～ 30 分鐘內完成，那麼我們就不用一定要有完整的 2 小時才能工作，只要有 6 個 20 分鐘，或 4 個 30 分鐘的空檔，也許就可將該件任務順利完成。

3、相信自己的行事曆

　　因為行事曆上的任務，都是經由自己有意識思考、訂出優先順序分配而來，所以如果沒有突發或緊急狀況，請勇敢地依循著自己用心規畫的行事曆，提升完成效率，也降低工作無所適從的焦慮。

4、檢視拖延或從未執行的任務

　　如果行事曆上有個任務，老是會被我們所忽略或拖延超過 3 次以上，我們就要考慮將其移除（重要性低），或是重新思考規畫時間是否得宜（比想像的複雜）。

5、關閉電子設備的提醒功能

　　直接關閉新訊息提醒，在每日行事曆上，建立回覆郵件、訊息的專屬時間，頻率、時間依個人狀況而定。

 小練習

相信自己的行事曆

挑選一周，關閉我們所有電子設備的提醒，全然地依著自己規畫的行事曆來行事，相較於以往，覺察我們在工作或生活上的品質效率有何不同？

善待自己，開心投入行事曆

除了按照任務清單來安排行事曆外，建議還要：

・為自己保留休息時間：

　　人一天的精力是有限的，但有時候一忙就會忘記休息。所以要將休息時間，安排入行事曆中，才能有效充電或減緩壓力的累積。

・每天都留一些緩衝時間：

　　有時候難免會遇到一些突發狀況，影響我們完成任務的時間，所以建議要保留一些緩衝時間，來解決突發事件，或被老闆、同事、客戶打斷時可能會產生的延遲時間，

・善用身心狀態，交替組合不同任務項目：

　　如早上專注力佳，可以搜集資料、寫企畫或分析規畫，下午身心比較放鬆，拜訪客戶、腦力激盪等都比較容易成功。

2-5 將資料、備忘錄和任務清單放在一起

「任務清單根本就是告訴我還有多少事還沒做，事情又多又雜，根本不知如何下手，不僅沒有提升效率，反而讓我更焦慮……」

「我記得上次曾看過類似的資料，但我忘了存在哪裡，想要參考又得從頭搜集了……」

當我們想利用備忘錄，明確列出待辦事項時，建議還可運用以下方式，幫助工作順手有效率：

1、在任務清單上明確列出行動

在列出任務清單時，我們有時會愈發焦慮，主要原因在於任務沒有明確的執行動作，或是過於複雜龐大，以致不知如何下手。

所以，我們在列任務的時候，就要有動詞、截止日，對於單一複雜任務，可拆分為數個小任務，如「提報 XX 產品企畫」，就可以拆分為「上網搜集資料」、「市場競品瞭解」、「實際撰寫企畫案」、「企畫案草稿討論」、「企畫案調整修改」等，以上這些動作依序在截止日之前完成，相信就可以更容易著手。

2、善用行動工作，想做就做

「行動工作」意指透過行動裝置手機、平板或輕巧的筆電等，立即儲存想法、推展進度、解決問題，任何時候、地點，我們都可以將

「有意搜尋」、「無意瀏覽」的有用資訊，甚至是自己的靈光乍現記錄下來。只要我們想要、需要以及有必要，不用坐在辦公桌，有時甚至不自覺就完成小任務，立即推進任務進度。

3、建立共享資源，收集情報，有效存放

運用網路、雲端建立共享資源，設立不同檔案，將各類資訊、備忘錄及任務清單分門別類存放。透過同一帳號及網路資源，隨時儲存及取用，既可方便取用，工作前資料已事先準備好，就可避免不小心把時間花在上網瀏覽。

小練習

收集情報，有效運用

試著在雲端上建立檔案夾，將手機、平扳或電腦收集到的相關備忘錄、資料及任務清單妥善收納，試用一個月之後，覺察我們的生活、工作有何不同呢？

建立雲端資料夾很簡單

· Apple手機：

　透過「備忘錄」App，除了透過同一帳號、不同行動裝置都可使用外，也可邀請其他人在 iCloud 備忘錄和檔案夾中共同編輯、查看變更。

圖片來源：dnaveh／Shutterstock.com

· Android手機：

　Google Keep 可快速記錄當下所思所想，輕鬆整理拍下照片、文件等，並與其他親朋好友一起共用。

圖片來源：dennizn／Shutterstock.com

2-6 記事本和手機，哪種適合我們？

「滑手機時，恰好發現這段資訊跟工作有關，我要把它留存下來，但是每次回顧，都是大海撈針……」

「運動時，剛好腦中有個新靈感，趕快來找張紙或是透過手機寫下來，免得忘了……」

有時候我們突然出現一個靈感，剛好看到一段資訊，又或者說要規畫任務清單時，是記事本，還是手機比較方便呢？喜歡隨手塗鴉、筆記的，可能會選擇記事本，因為方便，不用打字，且透過書寫，讓印象更為深刻；喜歡手機，可能會因為是方便截圖、儲存，省去手寫的勞累。

其實，要落實資料收集、時間管理，記事本跟手機不僅可以各有所好，而且還可以相輔相成：

1、**在手邊、床邊準備小筆記本**，隨時或睡前靈光乍現，腦中有個新點子或是思考，可以立即透過文字、塗鴉記錄下來；需要靈感時，可翻閱小筆記本，獲得源源不絕的靈感。

2、**先建立分門別類的雲端檔案**，不管是透過手機、平板或電腦哪種3C電子設備整合，都可以隨時留下錄音、手寫、網頁擷取、螢幕截圖重要紀錄或瀏覽資訊。

3、喜歡有點人味，整理任務清單時，不妨透過**手寫**，在筆記本上頭塗塗畫畫，決定重要程度、時間順序後，鍵入手機或電腦的行事曆，**設定簡單的提醒**（不用太頻繁，適度免得變成干擾），讓我們的工作、人生井然有序。

4、透過手寫或電腦紀錄，每完成一件任務，即刪除一項，這樣**刪除的過程，不自覺可提高樂趣及完成目標的信心**。

5、隨身的小筆記本，不僅**記錄腦中片刻的所思所想**，更是自己**追尋人生目標的過程**，彌足珍貴。除了妥善保存這些小筆記本外，也可定期將其拍照，上傳雲端，以利備份存檔！除了需要靈感時翻閱外，當我們需要動力或鬥志時，我們也可透過這些歷程，從中找到力量！

小練習

記錄每一個靈光乍現的時刻

選擇一本自己喜歡的筆記本，尺寸是方便隨身攜帶，試著隨身帶在身邊及床頭，記錄每個靈光乍現的思考或念頭，實行一個月後，覺察自己的思考或是行事，有何不同？

實用 App 分享

如果覺得手寫麻煩，或是擔心日久筆跡不易辨識，也可選用擁有筆記本功能的 App。類似的 App 種類很多，選用要點建議如下：

1、資料要能雲端同步備份

能在手機、平板以及電腦等不同 3C 設備中，可同時查閱並編輯同一份筆記，且能自動儲存。

2、輸入可以選擇打字或手寫

手寫功能提供給不喜歡打字的使用者，且能精細地記下鍵盤打字難以表現的獨特內容。除此之外，最好還能夠提供防止手掌誤觸功能，這樣就可以自在地在手機或平板上撰寫筆記了。

3、除讀取以外，最好能夠編輯圖片、PDF文件檔

若能直接在系統讀取圖片或 PDF 文件，甚至能直接編輯以及匯出檔案，這樣就能大幅提升效率。

2-7 把已使用時間及剩下的可用時間記錄清楚

「又接到類似的案子，根據自己之前的紀錄，我這次也可以如法炮製，將預估時間規畫入任務清單、行事曆中。」

「依據規畫，我提早完成了任務，居然還有2小時的多餘時間，給自己小獎勵，去放空喝杯咖啡吧！」

時間就是金錢，有效管理時間的第一要務，就是量化時間，確實記錄自己專心投入、完成工作的時間。從時間紀錄中，就可以知道自己把寶貴時間花在哪些事情上？每件事情花了多久時間？對於這些事情有個詳盡的了解，都有助於時間管理的推動。

除此之外，量化時間的重點還有：

1、確實記錄每個任務的使用、剩餘時間

除了預定的開始、結束時間外，將已完成任務的實際使用及剩餘時間記錄清楚，可幫助我們做後續任務時間的預估，除符合現況外，也可了解究竟是哪些類型的任務，比較容易超出我們的預定時間，進而去做執行內容或時段的調整。

2、定期審視回顧、分析

運用最簡單的 excel 表格來記錄預定任務、使用時間，甚至連突然被同事打岔討論等臨時狀況的時間，也確實記錄下來。然後藉著每

周、每月任務使用時間的回顧、分析，檢討預定、實際使用時間不一的狀況，還可以清楚看出時間小偷是哪些事情，進而做出調整、優化。

3、確實了解時間是否實際投資在自己的人生

藉著定期審視，會實際看到我們花在自己人生目標的總和及比例，一旦比例過低，就要開始提醒自己，上班工作效率的重要性，期許自己盡量不要加班，準時下班；因而督促自己更專心面對、處理手上的每件任務，然後開始想方設法減少被打斷或是刪去不必要的任務。

 小練習

確實記錄自己的時間

使用 excel 表格，以一周行事曆為基礎，記錄一周內每件任務預估及實際使用時間，一周後總和分析，審視自己的時間使用，是否符合自己的原始期待。

實用時間管理 App

有興趣的話，不妨試用體驗，感受哪種 App 最適用於自己

1、專業工作者時間追蹤神器Toggl

- **特色1**：使用雲端同步，可跨手機、電腦同步計時
- **特色2**：以專案為基礎，所有時程一次看，協助使用時間檢討
- **特色3**：操作簡單、直覺

2、番茄工作法Flat Tomato

- **特色1**：操作簡單、易懂
- **特色2**：內建紀錄、日誌功能，可記錄執行任務遭遇的狀況

3、台灣團隊原創的時間管理App 專注森林

- **特色1**：把枯燥的時間管理變成好玩的遊戲
- **特色2**：結合公益團體，真實種樹，發揮自我影響力

4、訴求毫不費力的Smarter Time

- **特色1**：自動追蹤記錄每一段時間利用，自動完成每日時間紀錄
- **特色2**：不僅可自動判斷使用時間分類，也可手動修改、調整
- **特色3**：提供了教練功能，限制我們手機的使用量

2-8 懂得「微調」 明天以後的行事曆

「哎呀，本來今天應該完成的任務，還剩下一些待完成，但明天的行事曆已沒有空餘時間可以排入，怎麼辦？」

「太好了，原本以為複雜度很高，需要三天才能完成的任務，今天就完成了，明天的行事曆多出一個空檔！」

時間管理的重點在於，思考現在與未來應該要怎麼做，因為人沒辦法回溯過去，去改變已發生的事情。與其活在悔恨或早知道，倒不如：

1、**任務清單及行事曆的建構是動態過程，每天結束工作前，建議做檢查及調整，**以因應新計畫或現況變化，如添加新的工作項目，或是將已經不重要或別人已完成的事情刪除。任務所需要調整或補足的部分，好好規畫，在明後天慢慢彌補或改善。整理完之後，**把今天的情緒留在今天，**明天又是新的一天。

2、**每天晚上或是明天一早隨即調整、規畫行事曆，**讓今天一開始能很快的進入工作狀態，並且**優先完成最重要的工作，**避免調動行事曆所帶來的焦慮。

3、時間管理的**重點在於完成重要的事情，而不是要當一個完美的人。**我們都是常人，有時候會莫名地想拖延、發懶，當沒有完成當天應完成的事情，就會感到罪惡。其實，我們可以活在當下，放棄責怪

自己，把原本要自責、懊惱的時間，留著微調明天的行事曆，或改變流程順序，還是可以達到工作效率。

4、有時候難免會計畫趕不上變化，即使是事先完美規畫，也是有可能發生突發狀況。所以要**預留時間給突發事件**，以微調後續的行事曆，這樣才能從容不迫地完成各項任務。

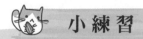

小練習

養成上班前檢視行事曆的習慣

利用每天晚上或是隔天早上起床，依著之前完成任務的狀況，適時地微調當天的行事曆。如此試行 2 周後，覺察自己的工作或生活有何不同？

成為時間管理達人的關鍵

1、了解時間管理的重大觀念與重點。

2、擁有**強大的信念**,相信自己可成為時間管理達人,每天進步一點點,持之以恆,就有不可思議的力量!

3、**行動**很重要,所有知識必須經由實踐,才能發揮真正的力量。因此養成習慣,漸漸抓出時間小偷,經由持續性地改善,要想成為時間管理達人,一點都不難。

★ 相信的力量

2-9 完美分配一周行程

「又過了忙碌的一周,不想再被時間追著跑,我該如何妥善安排後續的行程呢?」

「每天都要重新安排行事曆,好麻煩喔,能不能一次完成,每天只要花時間做微調就好!」

　　對一般人來說,管理個人時間最有效的方法是以周為單位訂定計畫,周曆對我們來說,比較宏觀,又可以確切指引每日生活。關於周行事曆的安排,建議如下:

1、依據「工作」、「人生目標」、「自我更新」(學習或運動)、「家庭與生活」四大項目,**列出相對應的任務,排入每周行事曆中**,不重要的項目盡量拿掉。

2、一般上班族在周間工作朝九晚六期間,**以完成工作任務為主**,其他時間盡可能安排與我們個人有關的目標。

3、把握八二法則,**用80%的時間先做20%重要的事**。在周行事曆中,每天建議最多設定三個目標,列太多待辦事項,只會讓自己更恐慌;同時,盡量在自己專注力最好的時間,執行最重要的工作。

4、在計畫一周工作行程時,可以**將喜歡的及興趣缺缺的項目調和**,做起事來也許會更有效率。

5、通常越接近周末，或是出差、完成重要簡報的隔日，疲憊程度就會越高。**身體的疲倦程度會嚴重影響生產力**，因此在安排一周行程時，如果可以的話，考量工作疲憊程度的影響。

6、每周末檢視當周完成、未完成哪些任務。如果發現我們當周的執行成效不如預期，盡可能找出原因，檢視究竟是外務干擾，或是自己拖延發懶，導致生產力低落，**找出原因並且調整**，重新安排在下周的行事曆。

　　知道跟做到是兩件事，我們先經歷各種嘗試及實驗，了解自己，也調整步調，持之以恆必能找到最適合自己的一套工作模式。

小練習

試著安排自己的周行事曆

採用以上建議，試著安排自己的周行事曆，每周末依據自我狀態，進行檢視調整。一個月後，覺察我們在工作及生活有何不同？

美國管理學大師關於周計畫表的建議

1、與使命連結

常問自己「生命中最重要的事是什麼」。列出我們認為最重要的三、四件事，做為個人信念或使命。

2、認清角色

生活是工作與家庭各種角色的集合，只有了解各角色間的關係，才容易取得平衡。試著辨別我們在一周中，我們在生活所擔任的各種角色為何，例如父親、家長會會長、業務主任。

3、設定目標

擔任角色時，能產生最大的效應是哪件事？例如，擔任父親角色時，與孩子相處，或是擔任業務主任時，要能做好工作上的長期規畫，這些「重要／不急迫」的目標，對我們才是最重要的事。

4、做好周計畫

務必將「重要／不急迫」的任務先放進行事曆中，例如與孩子相處、或做好工作上的長期規畫，把最重要的事情擺在第一順位。

5、實踐優先原則

前一天安排事情先後順序，依事情的重要性做最佳安排，而不是老是被急迫的事情追著跑。

6、審視

每周結束，審視完成了哪些目標？遭遇哪些挑戰？做過哪些決定？是否把「重要／不急迫」的事列為當務之急？每周花 30 分鐘思考上述問題，不斷精進。

※資料來源：史蒂芬 柯維，《與成功有約：高效能人士的七個習慣》，天下文化出版。

2-10 確認自己有能力完成工作任務嗎？

「為了讓大家知道我能力很強，不管主管交辦什麼任務，先接下來再說！」「雖然是團隊工作，要討論真花時間，我想辦法自己獨自完成就好！」

能夠勇於任事，相信是企業非常歡迎的員工，對我們來說，也是自我成長的歷練。在接下任務前，先要確認：

1、認清目前手上的工作量

確認目前手上的工作量及任務，有餘裕再接下新任務。最怕手上重要任務完成不了，又接下新的工作，反而讓自己的工作品質大打折扣，影響個人信用。

建議在每天結束時，檢查是否有妥善完成當日安排的重要任務，也可記錄每項任務完成的時間，試著量化每日任務，也對時間的掌握、任務安排，了解是否有餘裕更有幫助。

2、夠好比更好還重要

「夠好」、「到此為止」是非常重要的，有時候我們為了要把一件工作做好，無止盡的進行準備、規畫、收集資料，實際執行時也不斷地調整，但若沒有設終止點，任務很難完成，時間也很難有效運用。甚至是到最後反而變成拖延，為了趕上截止點，只能急就章、草草收尾，影響品質更大。

接下新任務前，最好先多花一點時間了解「為何而戰」，如為什麼會有這個任務、主管的期待、任務內容、期限等，才比較容易預估自己需要花多少時間在這個任務上，目前是否有餘裕可以接下。

3、隨時檢視每項任務的優先性

工作難免會突然有緊急任務出現，此時就突然介入緊急任務與手上正在進行的任務互相權衡，辨別何者為重。

4、保持彈性

盡量不要將行事曆排得滿滿，以因應突發狀況，如果行事曆能有點彈性，時間安排也更能餘裕，我們得以一步步完成工作，而不至於陷入分身乏術中。

小練習

練習「夠好」

試著接到新任務時，多花一點再了解任務的目的、主管期待、任務內容、任務期限等，然後綜合目前自己現在的工作狀況，思考如何在「有限時間」內把這件任務有品質地完成。

身為管理職，勇於任事前要想多一點

身為管理職，或是團隊帶領人，讓團隊凝聚向心力、合作意識，成員們能夠在工作中成長，獲得成就感，也是非常重要的工作之一。

雖然有些任務、有些時候是能力很強的自己就能獨自完成的，但學習試著放手，花時間引領大家思考討論，允許團隊成員犯錯，一同承擔後果，也是身為管理職在接下工作任務前就應有的胸懷及體認。

常常練習承擔、信任、放手，久而久之一定會有出乎意料的美妙結果！

2-11 目前有哪些時間管理工具呢？

「除了自己動手外，還有沒有什麼工具可以協助我提升效率？」
「時間管理工具這麼多，哪個才最適合我？」

　　如能以自身需求為出發，選用適合的時間管理 App 來協助提升效率、管理自己的人生，也是一大助益。以下介紹幾款 iOS、Android 都能適用的 App，幫助我們從容生活：

1、Todoist：待辦事項&備忘錄
・特色：設備間同步新增，明確快速分類

　　只要輸入關鍵字就會自動跑出各項功能、明確地協助分類，快速記錄每日待辦事項。同時，可同步資料於多個設備，需要與人合作時，還可以利用共用功能來分配任務給其他人，隨時隨地追蹤相關進度。

2、Google Tasks
・特色：整合Google 一系列強大的智慧應用程式

　　不僅能與 Gmail 和 Google 日曆整合，且能跨越各種平台使用，甚至可在多個裝置上同步處理，以便管理、擷取及編輯工作。且隨時可將複雜的待辦事項變成工作清單，適合事情多且雜、需要即刻

處理工作的使用者。

3、TimeTree

・特色：便於與夥伴共享、互動，也可管控專案進度

可針對不同類別的夥伴創立「共用行事曆」，亦有聊天室，分享照片、留言，具社交平台的特色。此外，可跨平台雲端使用，一次擁有 20 組的共用行事曆，適用於團體會議、專案規畫等，共用的夥伴也可編輯行事曆，讓所有成員即時知道待辦事項，並有提醒通知，專案控管更有效率。

4、專注清單：番茄工作法 & 任務清單

・特色：專注於當前的工作和學習

這項 App 運用番茄工作法的特長，協助提高工作效率、專注力。另外，也提供多種來自大自然的聲音，幫助放鬆，在計時完成或休息結束也會貼心地給予鈴聲或震動提醒。

小練習

使用時間管理 App

請選用一款適用自己需求的 App，依 App 規畫如實執行一個月，察覺我們生活或工作有何不同？

療癒系時間管理 App

　　除了比較制式的時間管理 App 外，現在還有一些很夯的療癒系 App，也可以作為選用參考喔！

1、Forest 專注森林App

・特色：透過簡單又有意義的方式，協助保持專注，培養高效率的生活習慣。

　　為了讓小樹存活，我們在設定時間內，就得要克制住滑手機的慾望；相對的如果專心做事的時間愈多，就可以種出一大片森林，讓使用者獲得成就感。不只是虛擬，該 App 公司還跟種樹組織 Trees for the Future 合作，鼓勵使用者運用 App 的同時，也能在非洲種下一棵真實的樹苗，別具意義！

2、潮汐—睡眠、專注、呼吸與冥想 App

・特色：以專注、放鬆、睡眠、呼吸為主，運用大自然聲音的極簡App。

　　裡頭有專注計時器，專注 25 分鐘，休息 5 分鐘，提升專注力，增進工作效率；內建睡眠與小憩模式，白天小憩、夜晚長睡，幫助我們充分休息，獲得新生活力；有趣的是，還有放鬆呼吸引導，幫助我們運用呼吸、平復情緒、緩解壓力。

　　要做好時間管理，任何系統工具都只是輔助我們的幫手，重點是我們要拿出相對應的決心，即能達到我們的目標！

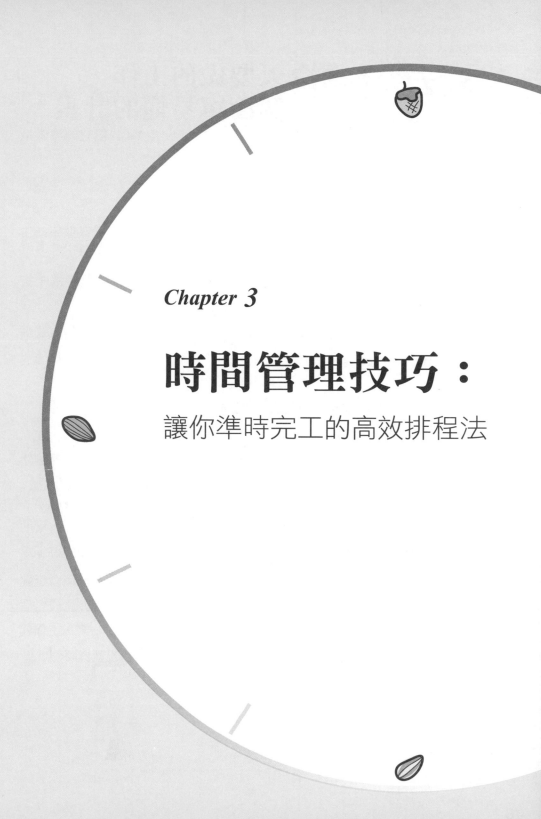

Chapter 3

時間管理技巧：

讓你準時完工的高效排程法

3-1 先將今天要做的工作，訂立一個簡單易懂的計畫

「今天的工作項目這麼多，真令人焦慮，我該從哪裡著手呢？」

「聽說把每項工作拆解成無數個小任務，這樣比較容易執行，是真的嗎？」

盡量在前一天或是當天開始工作之前，先確定當日的行事曆及預計完成的任務計畫。好處有：

1、降低自身焦慮，專注於任務本身

無論是有經驗，或是全新的任務，透過事先拆分成小任務，建立執行步驟及相對應的工作內容，可以幫助我們在執行任務時，無論什麼挫折、阻礙，或是情緒低落、腦袋混沌，我們都知道具體步驟流程，照著繼續做就好，很大程度的讓工作更加順暢，使焦慮降到最低。

2、避免過度執著，延遲任務完成

有時候我們為了追求完美，或執著於無法掌控的事，反而會延遲任務完成的時間。其實，我們只要建立步驟流程，把流程轉化成各個具體、連續、簡單易懂的待辦步驟，照著做就好，這麼一來，工作就可以很有品質地完成，不需要再執著於最好，反而耽誤寶貴時間。

3、確實了解每個任務實際花費的時間

　　如果我們能確認當天每個任務都已拆解成簡單易懂、馬上可以執行的步驟後，這樣一來我們馬上就可直接執行，也比較能準確預估需要多少時間來完成這項任務，或是完成多少程度。這樣一來，對我們較為準確安排行事曆會很有幫助。

　　如果我們每日工作計畫都有清楚的優先順序、適當的時段配置及簡單易懂的工作步驟，那麼我們每個今天肯定都能效率、品質兼顧，走向成功人生！

 小練習

試著將今日的任務，
拆解成簡單易懂的工作計畫

請您挑選適合的日子，試著將當天的行事曆都拆解成清楚簡單的工作內容、步驟，試行 3～5 次後，覺察自己的生活及工作有何不同？

如何「簡單易懂」

在生活及工作上，如何規畫簡單易懂，讓自己或別人一目瞭然的步驟或項目，要素有：

1、要有完整的動作，而非動詞而已

建議要是完整的動作，一看就知道「應該怎麼做」才好。舉例來說，「撰寫產品文案」，表面上看起來是很完整敘述，但我們還是不知道該怎麼做，怎麼開始？如果是寫「了解產品定位、目標客群，競業資訊收集，撰寫文案，討論調整」等，這樣的呈現方式，不管是合作夥伴或自己，都能清楚知曉，並立刻執行。

2、優先順序清楚

以「撰寫產品文案」為例，如果先完整思考，將連續動作的主從關係、優先順序排列清楚，如了解產品定位→知曉目標客群→競業資訊收集→撰寫文案→討論調整→完稿，這樣執行上就很清楚了。

3、明確的截止時間

從任務的截止時間回推，依據每個小任務所需時間，推出每個小任務的截止時間，小任務間可以互相保留彈性，幫助我們有品質且成功的完成任務。

3-2 只要接到新任務，就馬上寫進記事本

「正當我一心二用忙著另一件事時，老闆突然交代一件任務，我只記得任務內容，卻忘了老闆的特別叮嚀的注意事項是什麼……」

「剛接到新任務，當下有些想法，趕快先記下來，免得忘了……」

身在資訊爆炸、時常處於多工的我們，為了要記住重要內容，所以就要善用記事本，好處有：

1、記錄第一手資訊

不管是透過電腦、手機或實體記事本，建議都要便於攜帶，可以第一時間把接收到任務相關線索一律記錄下來，幫助後續任務規畫、反覆推敲時，有完整且全面的了解。

2、協助評估任務

當接到新任務時，可先針對「主觀的期待」（決策者的期待）、「客觀的資訊」（任務本身及周邊相關資訊）、「自身的優勢」（專長或經驗）的三個面向，書寫在記事本上進行思考，得以有基礎的了解。後續對於任務，哪些部分已經足夠、或尚待補足，就有更清楚的了解，接著就可以順利拆解任務步驟、流程，預估需要時間，在截止日前完成任務。

3、把記事本當成學習、成長紀錄

　　當我們習慣運用記事本後，裡頭每個紀錄都是有意無意，經我們思考後，一一寫下。這些紀錄，除了幫助我們事後檢討、省思，也是我們學習、成長的歷程，這些扎實的經驗會幫助我們，走得更遠更好。

4、不只是新任務，新靈感也可以寫進來

　　記事本除了記錄新任務外，突然的靈光乍現、所思所想，都可以在隨身記事本記錄下來，變成觸發新靈感的工具之一。

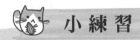 **小練習**

幫自己準備隨身筆記本

不管是線上或是實體筆記本，請擇一款式，將工作任務及所思所想，於筆記本記錄下來。實行一個月後，覺察紀錄為我們生活或工作帶來什麼驚喜或便利？

增加記憶力的方法

以下提供可增加記憶力的方式，不妨試著參考：

1、清醒時刻，每天暫離3C設備1小時

2017 年德州大學奧斯汀分校商學院一項研究發現，智慧手機的存在會降低認知能力，影響大腦處理和儲存檔案。所以每天給我們自己1小時暫離手機或電腦，讓自己完成專注在有興趣的事物上。

2、運用圖像記憶

當我們面對一件複雜的事情時，記憶熟悉的圖像，建立關聯，比記憶相關文字更容易。

3、回顧重要片段

如果我們想記住某件事情，只要在事件結束後，快速花幾分鐘時間回顧一下，並且有意識地講出、重複其中最生動的細節即可。

4、多走路或保持微笑

走路時，海馬迴會發出一種稱為 θ 波的腦波，這種腦波可以活化大腦，創造出容易記憶的狀態；當我們微笑時，大腦會釋放多巴胺，可以協助保持心情愉快、活化腦部，還可以增加集中力，放鬆心情。

3-3 設定優先順序：
從最重要的事情開始

「電子郵件及訊息多到爆炸，等待回覆，但手邊這件事很急，跟夥伴一起合作的任務也很重要，但我就一個頭腦、兩隻手，外加24小時，我到底要從哪件事開始呢？」

　　這是我們在日常工作，要執行任務前，常常會碰到的難題。如果沒有其他選擇，我們往往把「什麼事情最重要」、「什麼事情先做」交給忙碌的步調、別人的意志，或甚至是緣份來決定，結果就是自己委曲求全，沒時間完成自己重要的事情，相對的，也因為心裡惶惶不安自己該做而未做的事情，也就無法有良好品質處理別人的交託，結果忙了好久，眾人、自己都不滿意！那麼到底要如何找尋、辨識，對自己重要的事情呢？不妨可考慮使用下列的方式：

1、請寫下目前每天都會做的事情（可先從10件開始，慢慢擴展）

2、針對列出的x件事，回答下列的5個問題

- 對工作或個人生活，做這件事會讓我更趨近我的目標嗎？
- 如果不做這件事，會對我產生負面結果嗎？
- 這是重要的事情，還是緊急的事情？
- 如果我只能用現有的一半時間來完成這件事情，我還會做嗎？
- 做這件事情會讓我更幸福、更有成就感，或萌發新的思考嗎？

請檢查每件事情各獲得多少「是」，通常「是」愈多，表示這件事情對我們愈重要，那麼請把每日處理的優先權，先給這些重要的事情吧！

　　最後，當我們了解「什麼才是重要」、「設立優先順序」後，代表我們往人生目標向前跨進了一大步。但事實上，「知道→做到」通常還有一段路要走，我們有時不免還是會被生活的日常亂了手腳，但至少我們心裡很清楚重要的事情是什麼。試著慢慢練習放下不重要的事情，專注於重要的工作、遠大的目標，及放鬆享受我們真心重視的人與事，所帶來的美好感受吧！

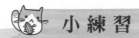 小練習

完成重要事項檢測表
找個寧靜的時間，放鬆的角落，利用上述的檢測方式，找出自我人生的重要事項。

20% 的行動，確定了 80% 的結果

19 世紀時，義大利的經濟學家帕雷托發現：80% 的財富，集中在 20% 的人手中；股神巴菲特也說：20% 的行動，確定了 80% 的結果。

同理可證，20% 的任務，可以影響 80% 的結果，堅持做 20% 對的事情，就可以影響 80% 的人生成就。也就是說，找出人生重要的事情，自己設立優先順序，就能得到意想不到的結果！

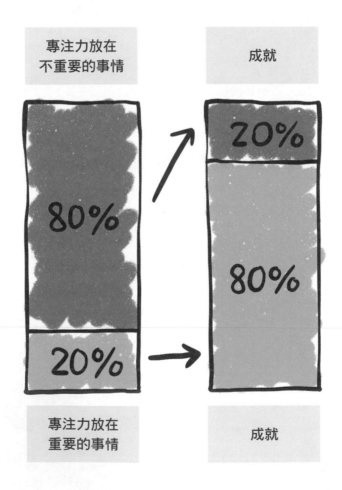

3-4 善用工具，可擺脫拖延的壞毛病

「現在好累，還需要找的資料，反正難度不高，明天再說吧！」

「雖然今天還有待辦事項還沒完成，但我只是滑一下手機，應該不會耽誤太多……」

拖延是人的本能，人們做選擇時，基於追求安逸的本能，大腦會習慣性選擇簡單的事情來做，拖延也就隨之產生。但拖延會導致效率低落，內心焦慮，所以要如何克服拖延，建議方法有：

1、設立明確的deadline（截止日期）

要克服我們的拖延本能，就需要將重要的事情，設置一個完成截止日期！而且這個截止日期是必須要確實遵守的，不能含糊帶過。如果要避免臨時緊急狀況發生，那麼我們在設立截止時間時，就要保留彈性，預留突發狀況的處理時間。這樣一來，我們對於最終截止日期就沒有藉口，也可避免突發狀況措手不及，沒有時間處理。

2、將大任務拆解成小任務

思考將重要、複雜的任務分解成好幾個小任務，且每個小任務都清楚具體。這樣一來，執行任務變得容易，提高工作效率，降低拖延念頭。

3、暫停一下

要完成下一件任務前，有一個 1～5 分鐘的「暫停時間」，時間長短自行決定，藉由「暫停」讓自己脫離 A 事情的自動駕駛模式，從相對理性的狀態思考：「下一步什麼是我應該做的事？」「待會 B 事情的優先順序可以是……」避免無意識花過多時間在不重要的瑣事上。

4、使用小幫手

也可以使用系統工具來作為輔助，如蕃茄工作法、Forest、TimeTree 等，都是可以協助我們進行時間管理，改善拖延的狀況。

無論協助工具再怎麼完美，主控權還是在我們自己。所以把人生的主導權拿回來，設定人生重要目標，就是對抗拖延的不二法門！

小練習

對抗拖延

從工作或生活中，找出自己最常拖延的任務，下定決心，選用上述自己喜歡的方式，如實執行。一個月後，覺察自己的生活或工作有何不同。

拖延常出現的藉口

我們常會出現的藉口，建議可以如此對應：

· 沒有靈感：

翻翻我們過往的筆記或紀錄，或是離開去做一件不相干的事情，有時就會靈光乍現。有時候我們沒有靈感是「害怕失敗」，只是還沒有「豐富」的靈感，而不是什麼想法都沒有，所以願意開始嘗試，就是激發靈感的好方法。

· 我還沒準備好：

這也是某種程度的「害怕失敗」，跟沒有靈感一樣，我們只是還沒「完全」準備好，並非「毫無準備」，開始嘗試，就是對抗還沒準備好的方式。

· 我已經很累了：

有時也可以反問自己：「我能不能再多做這件事 1 分鐘？」如果答案是可以的，那就要求自己就做 1 分鐘；拖延最大的困難在於「開始啟動」，所以一旦開始嘗試，就已經是成功的一半。

· 這次不做也沒關係：

通常類似的藉口會出現在需要「長期持續」的事情」上，而且通常是自發性、想要養成的習慣，例如運動、減重、閱讀等。試著去想像這件事情長期拖延的可怕後果，變胖、生病……等，就比較容易對抗這個藉口。

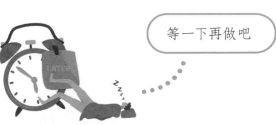

等一下再做吧

3-5　將困難或複雜的工作，拆解任務、分段進行

「我第一次接到這麼大的專案，牽涉甚廣，該如何著手呀？」

「聽到前輩分享，將任務逐一拆解，執行會比較簡單，但要怎麼做呢？」

　　想要避免推延，有效率地開始執行任務，拆解任務、分段進行常會是很好的方法，我們可以怎麼做：

1、建立全面了解

　　可以試著思考、分析該任務的「主觀的期待」（決策者的期待）、「客觀的資訊」（任務本身及周邊相關資訊）、「自身的優勢」（專長或經驗）的三個面向。一旦有全面基礎的了解後，就容易拆分數個執行步驟及內容，同時預估可能需要的時間，預留一些彈性時間，由截止日往前回推，訂出每個小任務對應的執行時間。這樣一來，不僅可以降低壓力、焦慮，也可有效率、有品質地完成工作。

2、善用零碎時間

　　我們有時會有迷思：「只要我有很多時間，就可以集中精力，一鼓作氣地完成任務。」然而很多時間和很多精力要同時出現的可能性微乎其微。所以先將任務拆解成數個小任務後，善用零碎時間，有些重要的小任務也許只要 15、30 分鐘就可完成，不必等到大空檔，任

務就可以向前進行。再者，零碎時間本來就有自然的時限，提醒我們應該要有效率地完成工作，因為投入的時間相對少，所以完成任務的意願不自覺地增加。

3、累積成功經驗

　　當我們設定的小任務目標清晰可行，不代表永無止境的折磨後，平常討厭的事情也沒那麼討厭了。完成任務所獲得的成就感，會使大腦釋放多巴胺，讓我們感覺良好，想要再次體驗成功經驗，於是我們就進入正向循環，成功地完成後續任務。

小練習

善用零碎時間

將工作清單列出，找出 15 分鐘之內的任務，請試著利用零碎時間完成，完成後請由清單內刪除，試行兩周後，察覺我們的生活或工作有何不同。

瑞士乳酪時間管理法

　　「瑞士乳酪時間管理法」：善用零碎時間，而不用等待很長的空檔，就像在大任務上「戳洞」一樣（乳酪上有很多小孔）。其意義在於，重視任何一段時間，不管那段時間有多短。

　　舉例來說，當我們的目標需要 10 個小時來完成，並不意味著我們要等到完整 10 小時時間的出現才能開始做事。當將大任務拆分成數個小任務，也許我們只需要 15 分鐘、10 分鐘甚至 5 分鐘，就可以陸續完成很多步驟，進而逐漸完成重大任務。

3-6 冷靜應對已經 「排好排滿」的工作

「只要知道自己會很忙，我就開始焦慮，擔心這事做不好，那事做不完，光是焦慮就佔滿我的思緒！」

「我該如何面對排好排滿的工作，我真的有能力完成它們嗎？」

在變化速度快、工作滿檔的環境中，我們該如何從容冷靜地面對工作？也許可以這樣做：

1、先做重要的事

先花點時間，列出手上工作清單，依重要程度列出工作優先順序。先從重要的事情開始，確定我們不會因忙碌，疏忽重要任務，這也是讓自己安心的基礎。

2、做就對了

工作還沒開始，焦慮卻已佔滿思緒或是想拖延，此時「做就對了」——依照規畫，重要的工作先做；當我們開始之後，就會發現身體慢慢放鬆，專注地投入工作中。

3、適度失聯

進行重要的工作時，有意識地暫離手機、關掉所有提醒或 email 等，讓自己專注在工作上，「專注」是忘卻壓力、發揮高效率最好的辦法。

4、夠好比最好重要

　　確定重要的工作都有按照該有的步驟、流程執行後，休息一下，讓自己放鬆充電，以利進行下一階段的任務。夠好就好，無須花太多時間去糾纏無法改變的事情、或是擔憂未來，因為我們已經有品質地完成工作了。

5、專注呼吸

　　這是化解壓力最容易的方式，當我們意識到壓力大、情緒快要失控時，可暫停手上工作，找個不易受人打擾之處深呼吸。當我們專注在呼吸，體會吸吐之間的感受，其實是在要求大腦放下憂慮，聚焦在此時此刻。幾次之後，身體較為放鬆，再回去工作。

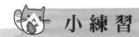 小練習

做就對了

當我們在工作或生活中對於某個任務反覆思考、產生焦慮的心時，試著讓自己做就對了，按部就班按照原有的規畫進行，完成之後，覺察我們的心情及身體有何不同。

適度的焦慮能提升我們的表現

　　焦慮是人類身處壓力下，會產生的正常反應，它協助我們處理生活上遇到的危機。

　　適度的焦慮對人是有益的，會轉化為潛力及動力，讓表現呈現在高峰，例如，明後天要考試或要提報計畫，我們會開始焦慮；也因為焦慮，我們會比較認真去準備任務，延後想要安逸發懶的心。

　　所以若不是極端的焦慮，焦慮不一定都是壞事情喔！

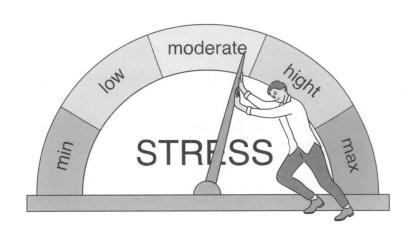

3-7 一次專注做一件事

「早上一進公司，邊吃早餐，邊看著手機或電腦查看訊息，耳朵上戴著耳機，音樂、英文或新聞，不時地注意時間現在幾點了……。」

我們常常同時在進行好幾件事情，看似很有效率，其實我們都明白，吃進嘴裡的食物，僅是填飽肚子，美不美味已是其次；腦中資訊很多，耳邊還不時聽到的聲音，無論是音樂、英文，進到腦中的少，飄走的多，僅求個心安；心中莫名焦慮要注意時間，因為下個行程隨時要到了。

不論身分，大家都想要同時多工來節省時間，1分鐘都不能浪費，全天候讓身體跟頭腦處於待命階段。然而事實是，要同時處理好幾件事情，使專注力、應變效率變差，往往只會讓錯誤增加，影響品質。

因此遇到同時身負較多複雜任務時，寧可專心，以從事單一任務為優先。我們可以這麼做：

1、訂出每日工作的先後順序

先針對前三名任務，給予這些任務絕對優先權，一件接著一件，專注於每一項工作。如此一來，我們也不會焦慮重要工作還沒開始或完成，多工的習慣也不會趁虛而入。

2、找出中斷工作的原因

我們可以將生活或工作中，通常會中斷或干擾我們工作的事項列出。接著檢視這些項目，可以怎麼調整，讓自己可以專注於工作，避免被這些項目打擾。

以上建議，剛開始一定不容易辦到，焦慮不安偶爾還是會出現；但長期來說，這些建議肯定會有正面效果，幫助我們得到內在平靜，專注於手頭上的任務喔！

小練習

練習不被干擾

每天試著找出一個時段，強迫自己不得隨手拿起手機，專注於手頭正在做的任務，每個小時才能檢視或回覆訊息。剛開始可能會很痛苦，但練習一段時間後慢慢拉大不使用手機的時間間距，覺察我們在生活及工作上發生什麼變化呢？

專一 vs 多工

　　一次同時處理好幾件任務，或做好幾件事情，常會被誤解是對抗時間壓力、效率工作的絕妙方法！其實不然，多工有時反而會造成任務品質下降，造成個人壓力、焦慮的來源。

· 單一工作：

　　專心投入，犯錯機率較低，個人壓力也較小，往往結果較好，成就感也大。

· 多工工作：

　　注意力分散，犯錯機率較高，個人壓力也大，結果常不如預期，成就感低落。

3-8　行程落後的當務之急

「糟了，早上的任務比想像中複雜多了，但還有不少任務還沒執行，怎麼辦？」

「時間都已經不夠了，卻又不由自主的焦慮，讓人更難專注……」

　　有時我們排好排滿的行事曆，會因為臨時突發事件，而導致既定行程無法如期完成，難免焦慮會油然而生。此時我們可以：

1、將意念放在當下

　　如果行程落後已是事實，就試著放下對於過去的悔恨、未來的擔憂，透過幾次專注的呼吸，讓我們因焦慮而緊繃的身體先放鬆下來，試著把專注、意念放在當下，並告訴自己，事情永遠有轉圜的餘地，趕緊著手調整就好；不必浪費時間、能量質疑自己。

2、重新安排行事曆

　　打開行事曆，檢視當週待辦任務，依照重要緊急優先程度，重新排序，重要的先執行，不重要的任務先略過，或是再往後調整，重新安排行事曆，之後如實進行即可。

3、放下最好的期待

　　只要我們事前規畫完整，相信任務一定可以被有品質地完成，不需要執著於細節，想將任務做到完美，這樣一來有時反而會延誤後續任務，得不償失！

4、重要的事情先做

　　如同植物需要適時的澆水、修剪，我們也要檢視行事曆，減少不必要的項目，婉拒不必要的約會及應酬，把時間放在重要的事情。永遠確定重要的任務一定要先被完成，只要謹守這個大原則，就算行事曆沒有被如實完成，至少整體工作效率也不至於影響太多，可調整補救的空間永遠都有。

5、保持彈性

　　每次規畫行事曆時，都要保持彈性，多預留一些時間，給突發的緊急事件。我們就不須時常處在緊繃的狀態，放鬆的心情反而能專注地處理任務。

小練習

重新調整行事曆

如果剛好沒有突發事件，試著也給自己一個緊急任務，趁機重新調整當周行事曆，可採用上述的建議步驟，察覺自己的心情、工作節奏跟以往有何不同。

避免焦慮時做決定

　　「盡量不要在焦慮的時候做決定！」因為當我們在焦慮下，原始的生存本能容易被喚醒，理智思考便悄悄退場，可能就會過度依賴別人的意見、攻擊別人、或是委屈求全，甚至誤判情勢。所以當我們身在情緒中而需做決定時：

1、察覺焦慮

　　當我們發現自己開始焦慮時，可能是肩頸僵硬、呼吸不順、肚子痛等生理反應時，請先暫停下來，不要急著做出任何反應，給我們的大腦及身體一些時間。

2、深呼吸

　　察覺焦慮、暫停手上工作後，可透過來回幾次深呼吸（如吸氣 4 秒、憋氣 1 秒鐘、吐氣 4 秒鐘）、散步、喝水或是唱歌其他可以放鬆自己心情的方式來放鬆自己。

3、放下再做決定

　　當發現我們自己的焦慮狀況趨緩之後，再回頭重新審視、分析先前的事情，試著看到事情的原貌，再來嘗試做出決定或回應。

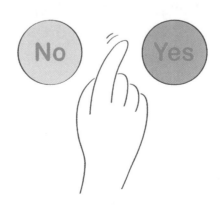

3-9 新任務影響原有進度，請說明清楚再婉拒

「老闆突然交辦新任務，如果接下來的話，手上有些任務就無法如期完成了！」

「新的專案聽起來好有趣，我好心動，但是答應客戶完成的期限要到了……」

在工作中難免會有突發任務，有時是我們很有興趣的，有時卻是硬著頭皮接下，但眼看著手邊該完成的任務，因新任務可能會逾期時，我們應該：

1、用客觀具體的理由來婉拒

用客觀而不要使用主觀看法去拒絕，理由充分，拒絕自然便有說服力，也不用擔心對方對我們的觀感變差。

・如果是老闆交辦的任務：

視時機委婉說明目前手上的工作，預定在本周完成的有哪些，而剛交辦的任務，有品質地完成可能需要多少時間，若需要在期限前新舊任務都要完成可能會有困難。如此一來，老闆自然會評估局勢，新任務是否委任別人。

・如果是客戶委託的任務：

同時，委婉且明確的拒絕，非常重要，避免讓對方產生期待，後續可能反而會造成嚴重的反效果。

2、明確提出需要協助的要求

不計一切的滿口答應反而才是不負責任，若真的無法推辭任務的話，那麼我們就要考慮自己能否勝任，若評估後，如果超越了我們的能力範圍，就該適時提出需要資源和支援。同時，也讓老闆或客戶明白，在他們提供的支援下，再加上我們的全力以赴，工作大概可以完成到什麼程度。如此一來，即使工作成果可能不盡如人意，至少彼此心裡都有數，不至於產生負面影響。

我們不需讓所有人都滿意，只要清楚自己的目標，有充分自信，先把自己該負的責任有品質的完成；對他人交付，能有道理及理智明快地判斷，委婉說不，或是接受任務即全力以赴，清楚畫分，對自己、他人都皆大歡喜。

 小練習

練習說不

選用上述合適自己的建議，對於別人的交付，適時說不。成功婉拒時，察覺自己的心情及狀態有何不同。

拒絕有時不是壞事情！

在生活中，我們常會因為下述原因，習慣當「好好先生」、「好好小姐」，而委屈自己：

- 怕對方覺得不被受重視
- 有上下權力關係
- 覺得對方或是這件事沒有我就不行
- 想要獲得肯定

其實，我們可以試著轉換對「不」的負面印象，想像是我們把機會留給適合的人，過程中幫別人喝采、加油；選擇對於自己真正重要的事，盡全力做到最好，享受完成後的成就感及自我實現，那麼拒絕的積極意義隨之而來。

3-10 若有新的工作就要修改計畫

「這周的行程已經滿滿，但臨時要出差，我該如何完成既定任務呢？」

「老闆臨時交辦一項重大任務，我該如何應變呢？」

在瞬息萬變的現代社會中，快速面對改變似乎已經變成我們的求生本能之一。不管目前手上任務多寡，接到新任務時，我們可以：

1、了解新任務的前因後果

依照接下任務時主管交辦的內容、期待、目標、任務周邊相關資訊及自身的經驗，具體評估執行的步驟流程及需要的工作時間。

2、排列重要優先順序

就新任務的目標及期待，評估新任務及目前手上任務的重要優先順序，再依可能所需工作時間，依序排入行事曆中，原有計畫上的重要任務持續進行，但不重要的任務便延後或刪除。

3、積少成多

審視評估後新任務的步驟流程，是否能夠切割成數個小任務，填入行事曆的零碎或突發空檔中，這樣一來，只有空檔就可以隨時推進工作進度。

4、保持彈性

　　就算因為新任務而重新調整工作計畫、行事曆，但還是要保留一些彈性時間，以利突然狀況的發生，甚至是多一些自己暫停、思考的時間。

5、適時求援

　　經自己審慎評估後的新任務，如規模或者是截止日期超乎自己現有的能力，那麼請不要高估自己，適時的向主管或團隊請求支援、資源。

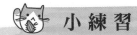 小練習

重新調整計畫

給自己一個假想的新任務，試著選用上述適合自己的建議，評估新任務並重新調整現有計畫。完成後，覺察自己在完成這個練習時，心態或方式跟以往有何不同。

面對新任務的態度

當我們面臨新的任務時，不同的回應方式呈現不一樣的態度：

‧我不會做：
　　不願意踏出舒適圈，保守行事，也同時代表拒絕未來其他發展的可能。

‧我願意試：
　　願意走出舒適圈，雖沒有經驗，但勇於任事，從經驗中學習，可以擴展未來發展的可能。

‧我不曾做過，但我願意試試：
　　願意踏出舒適圈，也同時讓交託的對方心裡有數，也許是保留彈性，兼具兩種回答最好的表達方式。

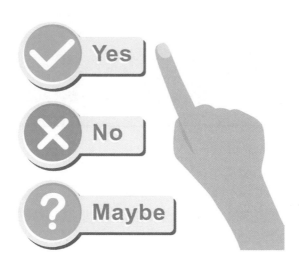

3-11 早一步處理進度落後的問題

「這個任務的複雜度還蠻高的,很可能會無法如期完成,我該怎麼提早預防這種事發生?」

「糟了,任務執行的進度不如預期,要怎麼要補救呢?」

　　身為忙碌的現代人,我們常要多工工作,有時難免顧此失彼,某些任務進度不如預期,我們該如何預防或處理這樣的狀況:

1、拆解任務

　　確認任務目的後,根據主管期待、相關資料及個人經驗,將任務內容拆解為具體工作步驟、細項(小任務);並預估各步驟需要的時間及先後順序,預留一些彈性時間,訂出各小任務開始、結束時間,擬定工作計畫。

2、定期檢驗及回報

　　依著任務複雜度,決定檢驗頻率,每周或每天檢查進度,查看任務是否按照原先設定的方向和目標走,各小任務是否如期完成,如果沒有,找出原因並調整。

　　如果真的遭遇大變故,專案進度不如預期,建議先向主管報告並討論,是否增加支援或延長任務時間,以利任務有品質地完成。

3、預留彈性時間

因為在規畫初期，已先保留彈性時間，所以如任務進度稍有落後，還是有時間可處理；倘若連彈性時間也不夠用，那麼也許可檢視整個任務的具體內容，有沒有可以先刪掉或縮短的步驟，拿來補現在需要的額外時間。

4、重要的事情先做

倘若大任務完成期限在即，又無法延長期限，就放下對於最好的執著，把重點放在重點任務的完成，其他較不重要的先行忽略。

5、增加外援

發現進度嚴重落後，還是想要讓任務有效地的完成，就要與相關人員及主管討論其他可能，如增加預算或人力？或是可以延長任務完成期限？重點是要讓團隊相關人員都能共同了解任務進度及狀況。

小練習

進度落後可以怎麼做？

如遭遇任務進度落後時，選用上述適合自己的方式，彌補、處理進度落後的狀況。完成後，覺察處理過程及心情跟以往有何不同。

時間管理的工具之一：
甘特圖 (Gantt Chart)

　　甘特圖就是時程表，**具有簡單繪製、清楚呈現的特點**。在坐標的顯示意義上，橫軸代表時間，縱軸表示工作項目，線條長短代表這個工作事項在何時進行以及所需要的時間天數。一般而言，甘特圖上會註明以下項目：

· **任務目的（大任務）**
· **達成目的需要哪些步驟（小任務）**
· **小任務預計所需的工作時間（開始、結束）**

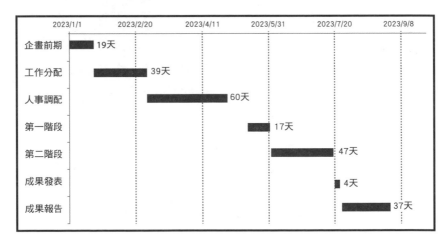

★ 範例：專案成立和工作分配

　　一般來說，Word、Excel 都可以繪製甘特圖，以一般專案管理而言，建議以 Excel 繪製，在運算時間與表單呈現的形式較為簡便。如果遇到複雜程度高，或是規模龐大、參與人數多的專案，可選擇專業型的專案管理軟體，包括免費的 GanttProject，也有付費使用的 Microsoft project、Visio。

3-12 如何簡化重複的工作？

「每天總是有做不完的工作，處理不完的瑣事，連續不斷……」
「類似的狀況一再出現，總是被事情追著跑……」

既然工作總是周而復始，不曾減少或簡單過，那麼也許我們可以考慮簡化重複工作，提高工作效率，我們可以：

1、列出工作清單

列出工作清單，圈選出重要任務，**由重要任務開始執行**。忽略或減少清單上那些低價值的、重複性的、不必要的事情，然後先專注於重要任務上，且有品質地完成；時間一久，獲得的成就可能都比以往還要高。

2、降低花在重複任務的時間

每次我們進行完一項任務後，總是有些心得及想法；每次接到新任務時，也花了很多時間準備及收集資料，此時，試著花時間把這些獲得、經驗，記錄下來，作為後續的參考。這樣一來，每次經驗、成果都可累積，作為未來類似任務的參考，省下要重複搜集資料、或者是思考的時間。

3、善用自動化工具

善用數位工具，尤其是可以自動備份、儲存的雲端系統，不僅可方便查找，就算運用不同工具，也能隨時隨地工作，真的可以幫我們節省很多步驟。

4、有意識地暫時失聯

固定時間收發訊息、email 等重複工作，其他時間則暫離網路或手機，使我們在工作更為專注，也減少切換不同工作時，為了避免拖延、專心投入所花費的額外時間成本。

5、休息一下

每工作 50 分鐘到 1 小時，讓自己都小憩一下，起身倒個水、喝茶或是看看窗外的綠意。身體有點僵硬的話，按摩或活動一下脖子和肩膀，讓我們自己放鬆一下，好好充電。下一階段的工作開始前，不妨也花個 3 ～ 5 分鐘，深呼吸幾次之後，想想下段工作的重點，再全心全意地投入。

小練習

簡化重複工作

拿出工作清單，選用上述適合自己的方法，試著簡化工作。試行之後，覺察跟以往的心情及效果有何不同。

懂得捨得

　　為了種出最甜美的果實，農夫總是在果樹開花後，僅留 2、3 個花苞，將大部分花朵都摘除，將養分都給這 2、3 個花苞，這樣結出的果實自然又大又甜。如同種植果樹一般，當我們去除掉人生中不重要、不緊急的事情，將心力投注在對自己真正重要的事情，那麼我們自然容易達到自己設定的人生目標，品嚐甜美的果實！

Chapter 4

善用每一天
的時間：

24 小時分配法

4-1 要成功，先成為「晨型人」

「早起不就是幫自己多爭取清醒時間？那我熬夜也可以幫自己多爭取時間，達到一樣的效果！」

據報導，很多名人都是有早起的習慣，如前美國第一夫人蜜雪兒歐巴馬分享自己習慣在每天早上 4 點半起床，趕在孩子起床前，做完一天的運動；星巴克執行長霍華德舒茨每天則清晨 4 點半醒來，和太太一起騎自行車健身；蘋果 CEO 提姆庫克是 4 點半就先工作，5 點就準備運動。除此之外，當然還有其他成功人士都是晨型人，如比爾蓋茲、已故的賈伯斯都是。

如此看來，要邁向自己想要的成功幸福人生，成為晨型人也許是重要的關鍵之一。我們不妨可以這麼做：

1、給自己早起的理由

順應自己的狀況，想想人生有哪些「很重要但不緊急」有助於個人成長的事情，如「運動」、「學習」等，就可以選擇早起時候進行。

早起也是很優質的「獨處時間」，心無旁騖地規畫自己今天的待辦清單，為全天的高效率生活開啟愉快的第一步。

如果願意，早起也可以免塞車之苦，早點完成工作，卸除壓力，準時下班。

2、充足的睡眠協助早起

　　早起有賴於充足的睡眠，趁機養成早睡早起的好習慣，幫助身體健康、提升專注力，何樂而不為呢！（睡眠的重要性可參閱單元 6-4）

3、讓身體慢慢適應早起

　　說實話，早起真的很難一步就到位，試著每天比前一天更早睡早起 10 分鐘，如此施行，不到兩周就可以習慣早起，享受美妙晨光。

4、幫早起想件有動力的事情

　　為早起安排好玩的事情，如悠閒的手沖咖啡、試用新買的運動器材、跟家人共享悠閒的早餐時光，讓自己為早起感到興奮及期待，增加誘因。

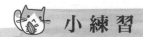 小練習

享受晨型人的生活

從一周內挑兩天在 6 點起床，運動、看書、或其他自己一直很想做，但沒時間做的事情，試行一個月後，覺察自己的體力、生活有何變化。

早晨適合做什麼？

為美妙的晨光，請遠離手機，避免時間黑洞。如果還沒有想法的話，早晨可以考慮做：

· 確認行事曆：

　　確認昨天未完成工作、檢視今日待辦事項，完成今天的ToDoList。

· 運動：

　　跑步、瑜伽、騎車等，不用貪多，每天只做一項。

· 寫作：

　　早晨是捕捉靈感最好的時機，寫作肯定如有神助。

· 靜坐：

　　找個舒服的角落，放鬆的坐好，專注力放在呼吸上，每天10～15分鐘，幫助思慮更為清澈明晰。

· 閱讀：

　　找些一直想讀而沒時間讀的書，為自己注入活水。

· 學習語言：

　　趁著腦力清晰專注時，學習或加強語言，幫助自己更上一層。

4-2 養成事前確認的習慣

「當初為了趕上交辦的期限，沒想太多就急著執行，結果發現方向根本是錯的……」

「這陣子忙得團團轉，每天加班，結果今晚下班前，才發現原來今天是結婚紀念日……」。

　　貫徹時間管理就是要養成好的工作習慣，而良好工作習慣的基礎，就在於事前確認，先做對的事情，再把事情做對：

1、事前思考

　　寧願事前多花點時間就主客觀因素，如任務目的、主管期待、任務周邊資訊及我們自己的專長及經驗，進行思考、確認，執行任務容易「第一次就做對」；就算事後需調整，也不至於偏差太多。

2、再三確認

・任務目的、期待

　　這是任務的起點，不管是接到任務時或是搜集資料後的反覆確認，都可確保我們方向正確，使後續執行可畢其功於一役。

・會議邀約

　　建議參加對自己重要的會議，列席或是隨口邀約的會議，先了解自己被邀約的原因；如果自己是否在場對於會議無關緊要，那麼可婉拒出席，請對方提供會議記錄或結論即可。

若需同步資訊、共同討論，可以考慮利用郵件或通訊軟體，甚至是電話、視訊會議，不僅可縮短會議時間，也不用特地製作簡報，將省下力氣及時間，投注在更重要的項目上。

3、有共識的截止日期

收到交託任務後，也須跟對方事先確認完成期限，待雙方有共識後，我們就可全力投入，在期限內有品質地完成交託任務。

4、確實把每項工作、私事寫入行事曆中

為了避免衝突或者遺漏，建議將工作、私人重要的事都放在同一行事曆中，透過標籤或顏色，分辨屬性不同的行程。後續再有新任務，或是舊有任務改期時，就可以透過行事曆，事先確認自己是否有餘裕可接受。

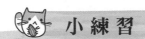
小練習

事前確認很重要

接到新任務時，試著選用上述適合自己的方法，事先確認。試行之後，覺察跟以往的心情及工作效果有何不同。

有時候確認太多也有陷阱？

養成事前思考、確認固然是好習慣，但有時我們會過度依賴經驗法則與主觀印象來看待事物，有時反而會錯失發展的機會。**「賭」一把有時是重要的**，只有先動起來，你才能知道關於自己及工作會需要什麼。走出現在的位置，到達一個不同的地方，我們才能夠看到現在看不到的問題、挑戰。

著名的組織行為學者卡爾·韋克說過：「我何以知道自己在想什麼呢？只有在看到我做了什麼以後才能知道」。人生更多時候，需要我們親身去嘗試，去體驗，去接受生活給予你的選擇，在行動中去反思，去內省，去發現，某天就會突然開竅，知道自己真正想做、想追求的是什麼。

如同賈伯斯曾說：**過去的種種經歷，就像人生中的一顆顆珍珠，當你在未來某一天的時候找到了那根線，你就會把它們全部串聯起來，變成美麗的項鍊。**

4-3 時間分配好，提升工作效率

「早上一進公司，就被接不完的電話、郵件、訊息追殺，不知不覺就到了中午了……」

「熬夜追劇，隔天預定要提供的重要資料，也因為睡過頭而來不及完成……」

不論是誰，每天都一樣只有 24 小時，想要有效的運用時間，達到自己的人生目標，可參考下列建議：

1、善用珍貴的晨光

除非熬夜，通常早晨都是一天之中專注力、體力最好之時，所以不少名人喜歡早起運動、閱讀或處理公事。建議不妨可在早晨安排學習或閱讀，幫自己充電；若想投入工作，則可從檢視或安排當天行事曆開始，從重要的任務先做，幫助我們開啟有品質的一天。

2、有意識的離線時間

有意識地離線，暫離 3C 電子設備，不滑手機、不理提醒、不回訊息，省下我們要屢次強迫自己回到任務上的時間，將時間集中在投入在重要任務上，長久下來，工作效率必然節節高升。

3、評估任務優先順序及時間

依任務重要緊急程度，排列優先順序，重要任務務必排入行事曆，不重要的盡可能忽略或延後，將時間花在刀口上；同時預估每項

任務可能需要多少時間，再加入一些彈性，以利突發狀況應變。

4、事前確認

　　利用每晚或隔天一早，先檢視隔天或當天待辦事項有無需要調整，重要任務先做，以確保當天工作品質及效率；在開始新任務前，讓我們自己有幾分鐘的暫停時間，深呼吸放鬆心情，思考接下來任務的目的及步驟，正式啟動。

5、善用零碎時間

　　將任務切割成數個小任務，並預估各自小任務所需時間，一旦有零碎或空檔時間出現，即可執行，推進任務進度；或是將生活中的瑣事，列成清單，如採購日用品、加油、繳費，待有空檔或在附近區域時，即可完成瑣事，節省時間。

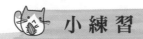

小練習

安排行事曆

試著選用上述適合自己的方法，安排工作。試行一周之後，覺察跟以往的心情及效果有何不同。

時間分配沒有標準答案

　　時間分配沒有一定的標準，不同時期、人生、信念，在時間分配上一定有所不同，我們要把握的重點，就是每隔一段時間（檢查頻率個人不一，由個人依狀態來決定），重新檢視自己的目標、成果與時間使用的情況，重新調整或繼續沿用，為自己人生負責。

定期檢視自己的人生目標與時間分配，適時做出調整

4-4 想要專注於工作，休息是必要的

「早上一到公司，吃著早餐，一邊滑手機或看電腦；中午了，工作還沒做完，託同事帶個午餐回來，邊做邊吃……」

時間就是金錢，我們常認為沒必要把時間花在沒有生產力的「休息」上。但事實是，我們是人，不是機器，沒辦法 24 小時都能維持高速運轉；找空檔休息，重新充電及凝聚注意力是非常重要的，對於創造力及壓力的耐受程度也能提升。

因此，當我們身體出現以下訊號：

· 注意力容易被轉移，開始分心
· 疲憊感湧現，開始打呵欠
· 嘴巴想吃個東西
· 肩頸開始覺僵硬
· 雙眼乾澀

就是代表我們的精力曲線由巔峰開始慢慢降至谷底，身體在告訴我們該休息了！

然而，什麼時候該休息，跟每個人的身體狀況，及任務難度有關。普遍來說，工作 90～120 分鐘就該休息一下，工作越辛苦，或是難度、複雜度越高，工時需要短一點，休息頻率多一點、時間短一點，這樣

一來，既有休息，也比較快回到工作節奏，不用擔心耽誤到工作。

真正的休息，就是「關機」及「放鬆」，在工作中，建議可以採用的方式有：

· 坐在椅子上，或站起來做幾個伸展，放鬆緊繃的肌肉。
· 走到窗戶旁，深呼吸、眺望遠景持續2分鐘。
· 故意多走幾步路，幫自己倒杯水或沖泡飲料。
· 雙手互搓發熱，覆蓋在眼睛上按摩，讓眼睛減壓。
· 暫離工作，專心地吃個水果或堅果，補充活力。

休息是可以幫助我們提升專注力，增加創造力，讓我們工作起來既輕鬆又成功。所以，不管再忙碌，都要記得幫我們自己安排休息時間喔！

小練習

試著找出自己的休息節奏

一般來說，工作 90 ～ 120 分鐘，就該休息一下，但每個人的狀況不同。試著觀察自己的精力曲線，大概工作到幾分鐘，效能會最高，達到巔峰；之後，效能便會降低，此時就是該安排自己休息的時候了。

休息的重要

· **英國詩人西德尼：**

　　當你沒空休息的時候，就是你該休息的時候了。

· **印度詩人泰戈爾：**

　　休息與工作的關係，正如眼瞼與眼睛的關係。

· **羅馬哲學家西塞羅：**

　　閒暇不是心靈的充實，而是為了心靈得到休息。

· **俄羅斯政治家列寧：**

　　不會休息，就不會工作。

· **英國劇作家蕭伯納：**

　　上帝完成了創造世界的工作，第 7 天就歇手休息。

· **羅馬作家菲得洛斯：**

　　大腦應得到休息，這樣你才能進入更好的思維狀態。

4-5 有新的任務，一定要當下處理好

「老闆又交代新任務給我了，但我手上工作真多，不確定接得下來。」

「接到的新任務，難度比以往還高，除了焦慮，我還能怎麼做呢？」

　　當我們收到新任務時，首先要確認這個任務的目的、主管的主觀期待、任務的截止日期，再佐以周邊的客觀資訊，如產品內容、競業情報等，再來就是確認我們自己的經驗、專長為何，可以為這個任務增色多少。確實思考過以上內容，佐以目前任務狀態、時間分配，就可以評估自己是否勝任。勝任與否可參考以下方法：

1、可勝任

・將大任務拆解成小任務：

　　將任務本身視為一個大任務，依執行內容、步驟拆分為數個小任務，由截止日期往前回推，並保留一些彈性時間，為各自小任務也設置截止日期，執行時才有所依據。

・重要的先做：

　　攸關任務成敗、品質的重點任務必先要確實或優先執行，確保任務品質不至於落差太大；若時間有限，勇敢捨棄不重要的部分，將寶貴的時間及專注投入在重點。

- 設置檢核點：

　　依據任務複雜度，設置相對應的檢核點，除了檢視完成進度外，也可定期回報主管或相關成員，讓大家了解任務進度及狀況。

- 調整行事曆：

　　展開所有待辦任務，加入新任務，重新思考評估各自重要順序，再依序排入行事曆中，如實如期執行。

2、無法勝任

- **請求支援：**

　　確定目前來不及完成任務時，可評估增加何種資源、支援可確實完成任務，如人力、預算、延長完成期限或是主管的支持。確認後可向主管提出具體說明及解決方案，雙方共同討論，達成共識。

- **婉拒：**

　　評估之後，如增加支援也很難完成任務，建議態度和緩、積極，用客觀的因素說明，如手上任務滿載、重要任務結案在即等，向主管回報，盡量不要使用主觀看法立刻拒絕。理由充分，拒絕自然便有說服力，也比較不用擔心對方觀感。

小練習

接到新任務

接到新交付任務之後，思考任務可行與否，再選用相對應適合自己的解決方式。試行三次之後，覺察自己的工作效率及心情跟以往有何不同。

尋求資源，取代抱怨

老闆交付新任務，而我們手上剛好任務滿載，我們的回答可能是：

> ○ 「可以，但是我手上目前要先完成 xx，能不能請求支援或推遲預定完成期限呢？」
>
> ✕ 「可是我已經忙不過來了……」

　　盡量減少負面語氣或反應，如「但是」、「可是」，讓老闆覺得我們沒做就先拒絕，缺乏突破舒適圈的勇氣，對於我們的交付任務的信心也就日益減少，影響到我們發展的機會；建議以「認同」、「告知目前狀態」、「提出解決方法」的說明方式，向老闆展現聰明又勇於任事的印象喔！

4-6 工作任務完成，務必進行檢核

我們在成長歷程都有類似的經驗：為了考試，在前置準備花了不少時間、精力，考試作答也還算順利，到最後因為忘了檢查，因粗心影響了分數，讓我們費心準備打了折扣，實屬可惜。

工作上也是一樣，面對任務，從跨出第一步到即將完成，終於到了最後一哩路「檢核」。檢核的重要性在於，完成的結果是否與當初設定一致；再者，確認任務是否全數完成，是否有缺漏或需調整之處。確實做好檢核工作，更能貼近實際狀況，有助於主管判斷是否要再啟動另一任務。

要進行有效的檢核，有幾個重點：

1、務必預留檢核時間

在規畫任務內容、步驟之初，即預留檢核的時間，待任務即將完成之時，有足夠時間可進行檢查、確認。

2、擬定檢核清單

除了可在規畫時初步擬定檢核清單外，執行時，也可將新增的重點檢核陸續增加至清單中，以利最後檢核。有了清單後，就算是只是打工、兼差或是自己初接觸的工作，都能夠如實正確地完成。

3、主管審視

主管在交付任務時，大多已有自己的期待及預計的目標，所以一旦完成任務後，請主管直接審視與討論，是最直接檢核任務完成與否的方式；甚至還可趁機討論是否進行調整，或另外新增任務，已增加原任務的完成度。但運用這個方式前，建議還是要先自行檢核，免得謬誤太多，影響主管對我們的觀感。

成功就是每天進步 1%，每天學習一點，行動一些，把計畫規畫得越來越詳細，確實落實，不間斷地做檢核、確認，我們就可成功地完成自己的人生目標。

 小練習

擬定確認清單

任選我們目前手上的任務，試著根據相關資料及過往經驗，擬出確認清單，待任務完成後，進行確認。請覺察這樣的做法，對於工作效率及完成度，跟以往有何不同。

什麼是 PDCA

在業界工作，常聽到 PDCA 這項管理工具：

P	Plan	（計畫）	確定達到目標所需要的步驟、流程有哪些
D	Do	（執行）	依據計畫執行
C	Check	（檢核）	根據任務所擬定的檢核指標，隨時檢討執行狀況
A	Action	（行動）	針對總結檢核的結果進行調整

透過計畫、執行、檢核、行動四個階段，持續改善，確保每一次的目標設定都能達陣，對於個人或企業，助益良多！

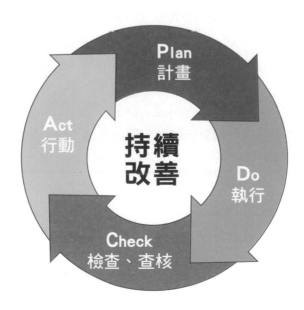

4-7 對於安排時間的方法，要時時檢討調整

「每天感覺都很忙、很累，但到頭來好像完成的任務也沒幾件……」

「明明都有按照規畫的行程照表操課，但為什麼計畫總趕不上變化呢？」

我們安排行事曆時，有時會高估或者是對自己很嚴格，在初始規畫時，總覺得我們肯定能完成很多事，但往往會事與願違，甚至會讓自己對自己及計畫越來越沒信心；如果我們要讓時間安排達到最大效益化，檢討、調整則不可少。

關於行程規畫、安排時間的方式，建議每天、每周、每月都可以檢視，並適時重新調整。因為待辦清單上的任務永遠辦不完，行程規畫也不可能一勞永逸，永遠都有突發事件發生，需要因時制宜地調整我們的計畫。

透過檢討，讓我們**對自己優勢、弱項更加了解**外，也可以：

1、把握時間、提高效率

將時間運用的彈性加大，提高工作效率，成就感也會越來越大，**眼看著自己完成了許多目標，心裡會有種充實感，更有動力繼續做下去。**

2、減少浪費時間的機會

透過定期檢討，了解影響我們會浪費時間的因素，便可適時地做調整；再者，為了避免遺漏重要事項，可製作備忘錄，以隨時自我提醒，並留下我們自己的學習紀錄及經驗累積。

3、強化自我提升

有時我們突然會有些時間安排的體會或想法，透過定期檢討，我們就可以徹底落實改善、調整，精進工作上的統整及訣竅，而不是只有在腦中或嘴上反省，紙上談兵。

 小練習

定期檢視時間安排

在每天晚上檢討本日行程執行、時間規畫，有無可精進或需調整之處；有了一些實際的經驗後，再試著檢視隔天的行程安排，是否需要調整或重新規畫。試著連續執行一周，覺察這樣的做法，自己的工作效率及心情，跟以往有何不同。

定期檢討時間是否安排得當？

1、每日

　　每天離開工作前，試著花一點時間，回想、檢討當天的行程、時間安排，有無精進之處；再檢視隔天的行程、重要順序安排，是否需調整或重新規畫。

　　隔天一早，即可馬上著手第 1 個目標，達成後再繼續實現第 2 個目標，一路堅持做下去。

2、每周

　　每周五或周日工作結束前（端看個人工作習慣，建議是當周工作的最後一天），試著花點時間，回想、檢討當周的行程、時間安排；再檢視下周的行程、重要順序安排，是否需調整或重新規畫。

3、每月

　　月底工作結束前，回想、檢討當月的行程、時間安排；再檢視下月的行程、重要順序安排，是否需調整或重新規畫。

Chapter 5

訂立長期計畫
的要訣：

教你如何分段進行、

一步步完成

5-1 為什麼長期計畫的工作總是會被拖延？

「依照行事曆，今天應該開始進行計畫的下半部分，可是臨時要出門開會耶！應該沒關係吧，反正結案日期還早，再找時間把進度趕回來就好……」

「今天下班要去進修英文，但同事們約了要吃飯，好掙扎！算了，一次不上課應該也無所謂，反正考TOEIC的日期還早……」

對於時間管理來說，截止日期是很遠以後，或是短時間沒有終止點的任務，都可以算是長期計畫。因此，除了例行事務外，大型專案、運動、學習、人生目標等這一類對我們人生影響甚鉅的任務，也都屬於長期計畫。有趣的是，我們也都有類似的經驗，長期計畫的時間常會被我們犧牲或被拖延，原因可能有：

1、習慣先處理緊急事情

在工作、生活中，我們會不自覺處理緊急的突發事項，這是人之常情，但有時我們將太多時間花在處理緊急但不重要的瑣事上，反而壓縮了我們處理重要事情的時間。

建議面臨任務時，先區分清楚事情的輕重緩急，重要的事情一定要先做，不重要的事情先延後或略過，若真的時間不夠，不重要也不緊急的事情，不做也罷！

2、好好小姐、先生

在華人世界中，以和為貴是我們常被教育的，所以在職場中，我們有時會不自覺成為好好小姐、好好先生。但如果我們每次都對別人的請求說 YES，這些不經思考所答應的承諾，常會佔用我們寶貴的時間，成為時間管理的最大阻礙。

建議在答應別人的請託時，先思考這個請託對我們的重要性，再檢視我們的行事曆，思考自己是否有足夠的餘裕可以完成，會不會耽誤我們自己重要的任務。如果確定沒有時間或精力可以接受，請勇敢、委婉的拒絕吧！

3、拖延的本能

面對無趣、複雜或困難的長期任務，或是眼前有其他更新奇好玩的事情，每個人都會想拖延，因為拖延是天性，只是拖延的方式跟程度每個人不同。再加上現在 3C 裝置實在是太有趣了，我們在執行任務時，常會被 3C 帶走注意力，我們要多花時間在完成任務，使得痛苦時間跟著延長，想要拖延的念頭就越強。

小練習

有效執行長期計畫

檢視我們目前手上的長期任務，工作、私人、運動、學習的都算，審視常會被我們拖延或略過的長期計畫，請使用本篇建議且自己也適用的方式，試著讓自己能持續執行。持續執行一個月後，請察覺我們在工作或人生狀態上有何不同。

建議先做就對了，因為開始投入後，我們通常會發現眼前的任務，沒有想像中的困難或討厭，會想要繼續做下去，或者是不想拖延了；也可以給我們自己小獎勵，持續投入或完成小目標就給自己一些小獎勵，就可以成為對抗拖延的利器。

勇敢開始，就是長遠計畫的第一步。

如何有效執行長期計畫

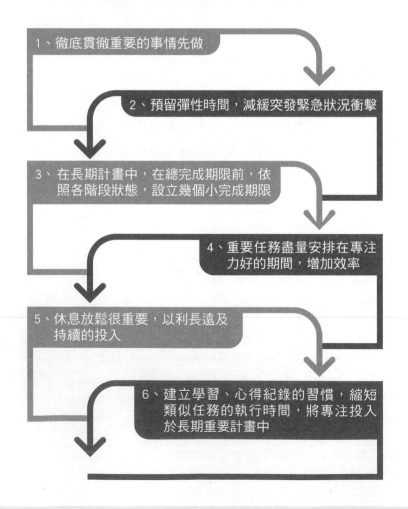

1、徹底貫徹重要的事情先做

2、預留彈性時間，減緩突發緊急狀況衝擊

3、在長期計畫中，在總完成期限前，依照各階段狀態，設立幾個小完成期限

4、重要任務盡量安排在專注力好的期間，增加效率

5、休息放鬆很重要，以利長遠及持續的投入

6、建立學習、心得紀錄的習慣，縮短類似任務的執行時間，將專注投入於長期重要計畫中

5-2 不要看「截止日」，而是注意「還剩幾周」

「眼看著參與的重大任務就快要到期了，怎麼辦？！」

「雖然這個任務複雜度頗高，因為有類似經驗，再加上完成期限有三周，所以有品質的完成任務應該沒問題！」

　　每個人每天一樣有 24 小時，有些人可以心想事成，有些人只能抱怨老天不公、怨天尤人，既然大家有擁有一樣的時間，不一樣的就是看待時間的觀點。根據研究，樂觀可以改變我們的思考與行動，對於任務執行，放下對於「截止日」的焦慮，心思專注在思考，如何在剩下時間內，完成任務。

　　避免被截止日追著跑，從容以對，我們可以：

1、做對的事情，再把事情做對

　　「做對的事情」是一種「預防」的心態，寧願事前多花時間了解、溝通、思考，想清楚再著手，確立對的方向，如實如期執行，肯定事半功倍。

2、將任務拆分成數個小任務

　　透過事前資料收集、整理，理出頭緒後，將大任務拆分成小任務；再從截止日往前回推，拆成幾個區間，並預留一些彈性時間以利突發狀況。依著各個小任務的規畫，依序如實執行，在期限內完成任務，易如反掌。

3、定期審視任務完成的狀態及進度

透過定期審視、檢討已完成、未完成的部分，檢討已完成部分的優缺點，可適時地調整後續未完成任務的內容及步驟，也可變成我們後續規畫、執行專案的養分，凡走過必留下痕跡，漸入佳境！

4、相信自己，放下焦慮

對於任務，我們可掌控的部分，全力以赴，如期如實執行；針對不可掌控的部分，放下過於追求完美的執著，避免陷入虛幻的期待與焦慮中。

 小 練 習

試著樂觀看待時間

選擇我們目前任一任務，試著選用上述的方式，安排任務內容、時間。完成後，覺察我們的生活及工作效率跟以往有何不同。

樂觀看待人生

還有半杯水！

拿破崙說：「一個人能否成功，關鍵在於他的心態的選擇。」還有大家耳熟能詳的半杯水故事，樂觀的人看待半杯水：「還有半杯水！」悲觀的人說：「只剩半杯水了。」

當事情進行速度或品質不如預期時，如同吸引力法則揭示的重點：意念＋情緒＝真正的能量，我們不妨將心思放在順利成功，而不是悲傷絕望，好事早晚來敲門呦！

當你真心渴望某樣東西時，整個宇宙都會聯合起來幫你完成。

——吸引力法則

看我的吸引力法則！

5-3 為拆解任務的 「分段進行」設定期限

「這次主管交付的任務還蠻複雜的，雖然完成期限也相對久，但要完成，我還蠻沒信心的……」

「已經把任務拆分成數個小任務了，我還需要什麼來協助我不拖延、立即行動呢？」

想要避免推延，有效率地開始執行任務，「拆解任務、分段進行」常會是很好的方法，我們可以怎麼做：

1、建立全面了解

接到任務，詳細了解前因後果，可以試著思考、分析該任務的「主觀的期待」（決策者的期待）、「客觀的資訊」（任務本身及周邊相關資訊）、「自身的優勢」（專長或經驗）的三個面向，建立基礎了解，構思完整面向。

2、分段進行，設定期限

有了全面的了解後，就容易拆分數個執行步驟及內容，並同時整理出優先順序，預估可能需要的時間，預留一些彈性時間，由截止日往前回推，訂出每個小任務對應的開始、截止時間。有了較為完整的規畫及期限後，就可以降低壓力、焦慮，有效率、有品質地完成工作。

3、開始就對了

　　人本來就傾向於做可立即完成的任務，所以當我們已將任務拆解，接下來只要做就對了！不用好高騖遠，只專心做好當下的每一步，任務就可順利的推進，不知不覺就完成了。

4、完成就休息

　　只要在分段期限內完成任務，就給我們自己一些小獎勵或是放空休息，做一些自己有興趣的事情，放鬆充電，為下一段任務備足專注力及活力！

　　如此一來，將「期限」當成墊腳石而非絆腳石，相信我們絕對可以有品質地在期限內完成任務！

 小練習

將任務分段拆解並設立小期限

選擇目前手上的任務，運用上述適合自己的建議，將任務分段進行，並設立各個小期限。試行兩周後，感受我們的工作效率及心情有何不同。

將任務分段拆解之後，再來一記助攻吧！

想要提高複雜任務的執行度，除了將任務拆解，便於進行外，還可以思考：

這項任務需要什麼樣的環境，工具？哪些是我需要提前準備好的，放在哪裡可以增加助力？

舉例來說，當我們決定要將早起跑步，當成健康生活的重要環節之一，但每到晚上總是熬夜追劇，早起總是痛苦不已，那 我們還能去跑步，實行健康生活嗎？

如果我們可以將生理時鐘提早，早點睡覺早點起床，一起床就穿起昨晚就準備好的運動衣、運動鞋出門跑步，跑完還有美味咖啡、早餐等小獎勵，肯定讓執行更 EASY，健康人生指日可待！

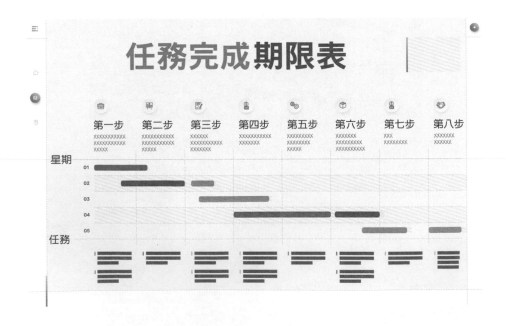

5-4 以周為單位，做成行事曆

「雖然有每月行事曆可照表操課，但是突發狀況、行程變動的機率太多，行事曆的意義不大……」

「有了行事曆，除了有依循的準則，還可以回溯自己做了什麼、完成了多少，還蠻方便的！」

不論在工作或人生，事情總會有新發展、變化，對我們來說，以周為單位設定行事曆，是可以比較宏觀又容易調整的方式。然而要設計貼近自我需求及高效率的周行事曆，我們可以這麼做：

1、回顧上一周的任務及行動

拿出上周的行事曆，或者是寫下上周做過哪些事情，不只是檢查工作任務完成度，也檢視完成的任務哪些重要，對於我們的人生目標有積極的效果；哪些是可有可無，影響不大。對於應完成而尚未完成的重要任務，找出不能完成的原因，並設定解決的方法、步驟。

2、檢視是否有足夠的私人時間

去除工作時間外，有哪些時間是留給自己、家庭、朋友的，有多少時間是保留給運動、學習等自我成長的項目，扣掉以上的時間，我們還有多少剩餘時間可以自由運用。

3、列出所有任務

　　放下對於過去的懊惱、未來的擔憂，列出人生的目標、想做的事情，再列出工作上尚未、持續處理、剛接受的任務；把整理出來的所有任務，依重要緊急程度，標示處理順序。

4、安排下周行事曆

　　整合上述，安排下周行事曆，依據重要程度，決定處理順序，設定每天要推進的主要任務，及對應的方法、步驟，每天都要保留自由時間，留給自己放鬆及充電。

　　同時，在每周工作結束時，不妨花一些時間，檢視過去一周任務處理的進度及狀態，佐以下周的目標，周而復始，規畫實際又有效率的周行事曆。

 小練習

設定周行事曆

選用上述的建議，規畫我們自己獨一無二的周行事曆。以此方式試行一個月後，覺察我們的生活及工作效率有何不同。

找回人生主控權，活出自己！

OTPR **敏捷工作法**就是以每周的行事曆為基礎，先有具體的目標
（O），再決定事情的優先處理順序（T），並運用專案管理的觀念，
安排執行與掌控進度（P），再透過每周回顧與經常自我檢視（R），
一周周的不斷優化，活出自己想要的人生。

O OKR，Objectives and Key Results

> 目標管理，做最重要的事

T Time Management

> 時間管理，控管與分配好時間

P Project Management

> 專案管理，有效的計畫與執行

R Retrospective

> 回顧活動，檢視過去的成果

5-5 從團隊計畫中挑出自己的工作 製成長期行程表

「這個案子十分複雜，有很多人同時負責，我要怎麼確定自己有跟上進度呢？」

「第一次參與大團隊的工作計畫，除了跟著團隊的腳步外，我該怎麼做，才能確實完成目標呢？」

通常能在公司參與大型專案，首先可以先幫自己喝采，代表我們的專業能力及資歷已獲得主管及夥伴的認可！接著便思考我們如何在這個團隊計畫中，有品質地完成自己的工作，為團隊加分，我們也許可以：

1、確立明確的目標

參加計畫會議，了解專案的真正需求，依照分工，草擬出自己計畫大綱後，再跟主管、同事溝通、確認，制定出本次專案屬於自己這部分的任務、目標。

2、將大任務拆成數個小任務

將自己的任務，鎖定開始、截止日期，切分出數個小任務，小任務亦有各自的開始、截止日期。特別要注意的是，記得保留彈性時間，以因應突發狀況；因應團隊專案進度，小任務的優先順序，也是設置小任務截止時間要注意的。

3、善用甘特圖

　　確認所有小任務後，可運用甘特圖明確列工作開始、結束時間及團體會議時間，不僅讓執行的事項有條不紊，落實工作步驟，確保跟上進度及良好工作品質。

4、培養默契及信任感

　　除了計畫初始前，跟 Leader 及成員們明確說明自我目標、執行方向，行進間也會勇於求助或幫助需要協助的團隊成員，建立默契及信任感，團結就是力量。

小練習

配合團隊計畫，擬定自我工作計畫表

撿視我們目前手上有無團隊合作的任務，工作、私人、運動、學習的都算，選用上述建議且自己也適用的方式，擬定自我工作計畫表。如實執行兩周後，留意我們在工作效率及生活有何不同。

團隊合作的好處

團隊合作時個人工作份量、壓力、工作時間只需要負擔單獨進行的幾分之幾，就可得到個人工作成效的數倍以上，正所謂「事半功倍」。

再者，只要能夠整合團隊，把人放在對的位置，如同電影《魔球》裡談到，降低劣勢、發揮長處，截長補短，三個臭皮匠也能勝過一個諸葛亮，團隊肯定所向無敵！

5-6 將長期工作任務規畫至每周行事曆

「這次接到的任務維持半年，手中又同時進行舊有的任務，該如何確定自己能夠有品質的完成任務？」

「每天都被工作追著跑，剛接到的長期任務不知道何時才有時間開始進行？」

當我們接到長期或大型工作任務時，可能會焦慮不知如何下手？放輕鬆，人類面對未知，焦慮本來就是正常的反應。要減緩焦慮，不妨把心念放在以下建議，一步一腳印，看看會發生什麼奇妙的事呦！

1、將大任務切割成數個小任務

充分了解此項工作任務的目的、目標、截止日期及特殊注意事項後，將可能的工作步驟列出，確定執行優先順序，將大任務切割成數個小任務，每個小任務亦有明確的執行步驟、截止日期及彈性時間。

2、盤點目前的任務

工作日益繁忙，愈要把時間花在刀口上，用 80％的時間完成 20％重要的事。除了剛接到的長期工作任務，也將目前手上所有任務列出，依重要程度、時間急迫，重新規畫任務順序及時間比重，依重要性及截止期限規畫至周行事曆中。

3、周行事曆的安排

建議每天最多設定三個重點目標，且在自己專注力最好的時間，執行最重要的工作。同時，留下一些彈性時間，以利處理當周任務的臨時狀況。

4、定期檢視完成進度

在每周結束前，檢視當周規畫的任務，是否都如實如期完成。未完成或沒跟上進度的任務，便要設想如何補救或調整；都順利完成，除了檢視下周行事曆，是否有新增任務或調整順序的需要外，更可思考有無可精進之處，以作為後續類似任務的參考。

  小練習

練習將長期任務規畫至每周行事曆中

練習將現有的工作或長期學習計畫，選用上述適用自己的建議，規畫至每周行事曆中。執行一個月後，覺察自己的效率及生活有何不同。

記錄與回顧

　　如果覺得要規畫行事曆，從無到有實在太痛苦，那麼也許可以考慮從做紀錄開始！試著以小時為單位，每天確實記錄做過的事情，工作、家庭、個人任務都是，一段時間後，對時間管理肯定可以產生很神奇的效果。因為：

1、明白自己運用時間的慣性，有無需調整之處。

2、了解自己在個人、家庭及工作時間的投入比例，是否符合設想。

3、為後續行事曆規畫建立參考值。

5-7 整合私人及工作行事曆

「最近很流行斜槓，我也好想去學糕點製作，可是工作一直很忙，該怎麼找出時間去完成？」

「時間管理不是只能用在工作，私人生活也行嗎？」

時間管理的重要目的，就是有效率地運用時間，去完成人生重要的任務或興趣，不管個人、家庭、工作都是；再加上疫情之後，很多人開始在家工作，公、私行事曆想要分開，似乎是不容易的。因此，建議可將所有計畫，合併在同一行事曆中，建議如下：

1、條列所有重要人生目標

將個人、家庭、工作等所有重要目標列出，依照重點、完成期限等拆解成數個步驟，置於每周行事曆中。建議周間 09：00 ～ 18：00 以工作任務為主，其他時間則可將個人、家庭安排入。

2、有限的重點目標

妥善安排每天的重點目標，建議不要超過三項，將 80％的精力用在 20％真正重要的事情。一來可避免超出腦力、體力負荷，二來是貪多嚼不爛，太多的目標，只會徒增無力感及焦慮。

3、開始就對了

　　我們都曾有過類似的經驗，明知道還有重要的事情待辦，但我們有意無意的腦補或恐慌，企圖拖延。此時，透過行事曆的規畫，建立我們按表操課的習慣，時間到了，開始就對了，讓人生持續向前走。

4、不斷更新

　　管理大師柯維的建議「不斷更新」，其實就是「工欲善其事，必先利其器」，透過良好習慣的建立，讓習慣得以在我們各個領域中，發揮意想不到的效果。如在生理上，每天 30 分鐘規律運動，維持身體健康，以及紓壓；在心智上，持續了解、學習新知識與技能，為人生開拓更多可能。

小練習

整合行事曆

請依上述建議，將公、私行事曆整合在一起，確實實行一個月後，觀察自己心情、生活及工作有何不同。

莫法特休息法

「莫法特休息法」來自於《新約聖經》的翻譯者詹姆斯·莫法特（James Moffatt），其在工作時會準備三張書桌，第一張書桌上是正在翻譯的聖經譯稿，第二張書桌是正在撰寫的論文，第三張書桌則是正在撰寫的偵探小說。莫法特的工作方法是，翻譯累了，就去第二張書桌寫論文，累了再換到第三張書桌寫小說。

其闡述重點在於，休息不一定要停止工作，反而是可以透過切換不同工作節奏或主題，保持活力、補充刺激，對大腦才是更好的「積極休息」。

所以每當我們專注處理一個工作，時間一長覺得累或是需要靈感時，也許可以考慮莫法特休息法，累了就換下一件工作繼續思考。除了讓大腦保持輕鬆能量，工作進度也持續進行中，一舉兩得！

Chapter 6

菁英者都在用的 「經營時間」法：

擁有的不是「多出的時間」，
而是一種成功習慣

6-1 整合零碎時間，成就美好人生

「哎呀，明明就覺得還有很多待辦事項，但每次空檔時，總是想不起來，只能滑手機打發時間……」

　　達爾文：「我從來不認為半小時是微不足道、很小的一段時間。」時間稍縱即逝，也是每個人都有的珍貴資產，要想跟成功人士一樣擁有美好人生，那麼就珍惜、善用每個此時此刻，為自己的珍貴資產加值。整合零碎時間的重點有：

1、擬出待辦事項

　　將生活、家庭、工作等的所有待辦事項列出，可在零碎時間處理的，如繳帳單、買日用品等，請歸納成一類，記錄於記事本上，每當有空檔出現時，便可拿出來查閱並完成；不能一次性完成的待辦事項，也可透過拆解成數個小步驟，利用空檔，逐一完成。

2、定期檢視行事曆

　　我們常常以為自己將時間用在高產值、重要的任務上，但細細盤點，發現根本不是那回事，反而我們大部分寶貴的時間都被瑣碎的事情給佔據了，所以不妨養成定期檢視行事曆的習慣，以便隨時掌握各項工作進度。

3、將完整時間留給真正重要的事情

回覆客戶電話、查找資料或是各種訊息的溝通等瑣碎但重要的事項，透過零碎時間完成後，除了一天突然多出意想不到的空擋外，也有完整的時間，專注地完成真正重要的事情，一舉兩得。

4、隨行祕笈

隨身帶著「To Do List（工作清單）」或「To Think List（思考清單）」，有時間時，擇一思考或完成，完成後便刪去，時間一久，累積的完成事項愈多，成就感就愈大；又或者是任一本一直想閱讀的好書，趁零碎空檔，一點一滴慢慢地讀完，除了完成待辦事項，也是自我充電，無入而不自得！

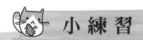 小練習

善用零碎時間

選用上述適用自己的方式，善用每個零碎時間，並將這些完成事項記錄下來。試行一個月後，留意我們自己在生活或工作心情上有何不同。

如何擬出自己的 To Think List（思考清單）

思考清單的目的在於，協助我們釐清或深究，跟人生或工作的重大問題。其重點有：

1、思考清單小小即可，寫完就擱著，**放置在可隨時查看的地方**，每天都看，想看就看，除了協助我們專注思考，也向我們的大腦發送請求，往後的某時某刻，好答案自然靈光乍現。

2、可以的話，思考清單**盡量用手寫**的方式來完成。研究指出，光是「寫下來」這個動作，除了提升專注力外，也讓我們的長期目標增加33％的實現可能。

3、思考內容可以是我們人生中的任何問題，如：
・如何才能賺更多的錢？
・要提升工作效率，我需要調整哪些習慣？
・如果錢不是問題，我想要什麼樣的生活？

答案沒有對或錯，**思考清單的目的在於建立我們深入思考的習慣**。如果我們得出的答案，能在與積極的執行力相結合，那麼美好人生絕對是唾手可及！

6-2 正念提升專注力

「我聽過活在當下，但很難呀，因為隨時都有各式訊息提醒等我回覆，即使處理完手上的事情，後面還是有一大堆任務等著我，很難不焦慮……」

　　我們都知道只要能提升專注力，就可以提高處理任務的效率，為自己增取更多寶貴的時間。近年來流行的「正念」，就可以有這種效果，所以不少歐美企業引進，除了幫助員工們減輕工作壓力、疲勞外，更可以協助提升專注力。關於正念：

1、**正念跟冥想很像，無宗教性，以科學的方式，研究「呼吸」。** 藉由觀察呼吸，把轉注放在當下的人、事、物上，沒有念著過去，也沒有忐忑未來。3分鐘簡單的練習如下：

・坐在地上或椅子上，把重量交給椅子和地板。
・試著把注意力放在呼吸上，不用刻意控制呼吸，自然就好，可以注意呼吸時腹部的起伏，或是氣息進出鼻孔，在這3分鐘裡，就只關注在自己的呼吸就好。

2、多工、訊息龐雜的生活，讓我們實在很難專注，**透過正念練習可培養完全的專注力，每天給自己一些時間，練習此時此刻、一次一事**，如專注地走路、專注地洗澡、專注地吃飯，練習聚焦在當下所做的事情上，持之以恆可逐步鍛煉大腦與肌肉，並且習慣專注。

3、從家庭、學校到職場，每天都可能產生各式的心裡垃圾。有時候這些心理垃圾不會消失，會交互作用，放大或糾結著，不自覺就會影響我們的心情、工作效率及身體健康。最有效的處理方式，不是掩蓋或忽略，反而是溫柔地與心理垃圾同在，慢慢看清它們的真實樣貌，允許它們出現、停留與消失，這也是正念練習的美妙之一。

 小練習

正念練習隨時都可以

可以的話，找個有視野的窗戶，自在放鬆地站著或坐著，凝視天空、街道或草皮。同時，吸氣和吐氣，覺察我們是怎麼站著或坐著，意念回到此時此刻。完成後察覺自己練習前後，身體、心情有何不同？

正念的定義

　　美國分子生物學家喬‧卡巴金（Jon Kabat-Zinn）於 1979 年發展出一項「正念減壓」（Mindfulness -Based Stress Reduction, MBSR）的壓力克服訓練。卡巴金博士認為正念就是：「時時刻刻非評價的覺察，需要刻意練習。」拆解後，便是：

1、正念就是練習「覺察」（awareness）。
2、正念覺察的核心就是「非評價」（non-judgement）。
3、正念覺察的練習時機是「時時刻刻」（moment-to-moment）。
4、保持正念覺察能力需要「刻意練習」（practice on purpose）。

　　覺察，只發生在當下，而不在過去及未來。

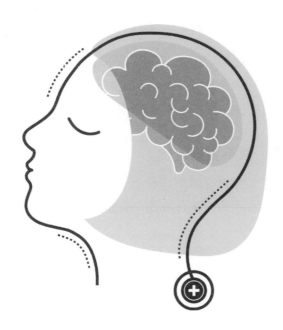

※資料來源：胡君梅，《正念減壓自學全書》，野人文化出版。

6-3　吃好喝好是王道

　　以科學的角度來說，食物提供我們能量，消化系統會把食物轉換成葡萄糖，葡萄糖會燃燒以提供能量給身體使用。然而，雖然大腦僅佔身體體重的 2%～3%，但腦細胞所消耗的能量，是身體其他部分的兩倍。大腦裡的葡萄糖太多或太少，我們都容易疲倦，影響專注力及腦力。

　　要具備絕佳的專注力及腦力，身體就需具備穩定、充足的能量，建議把握以下飲食原則：

1、多吃未加工食物（原型食物）

　　一般來說，身體將未加工食物轉換成葡萄糖的速率相對較慢，反而使得我們體內的葡萄糖（能量）較能保持穩定；加工食品轉換成葡萄糖的速度相對的快，會讓我們的能量，一下子就燒完了。

2、覺得飽了，就不要再進食

　　過多的食物，會讓身體無法一下子順利消化，來提供穩定的葡萄糖（能量），以致我們會感到疲憊、想睡。

3、吃慢一點

在時間許可下，用餐時吃慢一點，不要滑手機，將注意力投注在所吃的食物上，享受吃東西所帶來的幸福感受，也比較容易察覺自己吃飽了，不至於過量。

以上飲食原則，會讓我們比平常擁有更多體能、心智能量（如專注力、腦力），協助我們提升專注力，創造工作能量。

4、多喝水

我們的大腦組織是由 75％的水組成，如果缺水的話，容易引起疲勞、嗜睡、焦慮、注意力渙散；建議每日可喝 2 公升以上的水，多喝水（純粹的水，含糖飲料或咖啡因飲料喝多了反而增加身體負擔）可以提升腦力及充沛的精力。

小練習

將專注力放在享受食物

找個較悠閒的下班時刻，吃晚餐時不使用電腦、手機，或看電視，專注在自己的飲食上；放慢速度，細嚼慢嚥，感受每一口的滋味。觀察自己的狀態，跟平常有什麼不一樣。

升糖指數說明

　　升糖指數（Glycemic Index，簡稱 GI）指的是我們吃下去的食物，消化後造成血液中血糖上升速度快或慢的數值，也是影響我們專注力、腦力的重要因素。

　　GI 值高的食物，造成血糖上升的速度快，熱量消耗也快，我們的體力、注意力比較容易渙散；GI 值低的食物，血糖上升速度比較平穩，維持精力及腦力的穩定。

　　一般來說，加工過的精製食物 GI 值比較高，而原型食物的 GI 值比較低。

升糖指數

低	中	高

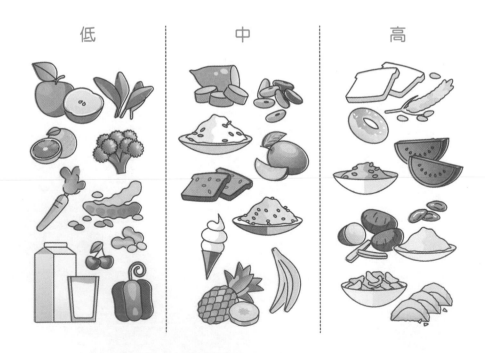

6-4 睡眠少一點，時間多一點？

「應該要睡覺了，但明天要早點進公司開會，手上的事情才做一半，再撐一下好了……」

「雖然身體好累，又忍不住要追劇，一投入劇情時間一下子就過去了……」

就邏輯上來說，減少睡眠時間，好似多出可掌控的時間，但所有的科學研究都告訴我們，睡眠不足，身體不僅不能獲得休息，還會影響我們的專注力，在工作上反而需要花費比平常更多的時間，影響品質，所以千萬不能輕忽睡眠所帶來的影響。

因為要上課、上班，我們大多數人沒辦法決定起床時間，但至少我們可以選擇上床睡覺的時間，來獲得充足睡眠。如何擁有高品質的睡眠，以下幾個小建議：

1、睡前盡量減少使用3C電子設備

除了使用3C電子設備容易引發興奮、緊張等情緒而影響入睡外，還有暴露在藍光，也會影響我們的睡眠品質。根據研究，藍光會抑制幫助我們睡眠的「褪黑激素」分泌，使我們寶貴的睡眠大打折扣。盡可能在睡前1小時，關掉或暫離電子設備，也趁機放慢步調，做一些靜態活動，為良好的睡眠品質做預備。

2、睡前盡量不要攝取含咖啡因飲料及吸菸

據研究，咖啡因會減少睡眠的總時數、入睡困難、增加半夜醒來的次數，使得白天容易感覺疲憊，注意力不容易集中；同時，睡前盡量別抽菸，因為尼古丁能興奮神經，效果跟咖啡因一樣。

3、睡在黃金時間

中醫認為晚上 11 點到凌晨 3 點是膽經跟肝經排毒時間，必須熟睡，身體才能進行排毒；西醫則認為晚上大約 11 點到凌晨 1 點前，褪黑激素的分泌最旺盛，抑制人體交感神經，身體得以放鬆休息，然而褪黑激素也需入睡後才會分泌。如果可以，建議把握晚上 11 點到凌晨 3 點是人體的睡眠黃金時間，讓自己充分休息。

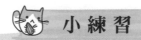 小練習

享受睡眠的美妙

每周挑兩天晚上，睡前 1 小時內，不要使用 3C 電子設備，讓自己在 11 點前在床上躺下，準備入睡。如實執行後，感受隔天的身心狀況，跟平時有何不同？

藍光的影響

我們日常生活中，藍光隨處可見，我們接觸到的藍光主要來源是3C 電子產品。藍光可能造成的影響有：視力傷害、眼睛容易疲勞、皮膚容易老化。

如何預防藍光傷害：

1、控制使用電子產品時間。

2、在手機上貼上藍光濾膜。

3、盡量不要在暗處使用3C電子設備，因瞳孔放大會導致更多的有害藍光進入。

4、佩戴可以過濾掉紫外線和藍光的太陽眼鏡。

5、適時補充葉黃素，如甘藍葉、菠菜、綠花椰菜、胡蘿蔔等，可協助過濾過多的藍光，保護眼睛健康。

不能熬夜了……
還是看完這個再睡吧

6-5 運動激發快樂能量

「我知道運動很重要，如果我工作沒那麼忙、沒那麼累，我也很想運動呀……」

　　每個人或多或少都知道運動有助於身體健康，但常會因繁忙或疲累，而影響運動的意願。其實，運動的好處遠超乎我們的想像，絕對值得我們大力投資：

1、協助紓壓，減緩焦慮

　　運動能產生多巴胺、腦內啡等快樂激素，取代壓力和焦慮，讓人保持平和愉快的心態，讓我們得以從容面對複雜任務與挑戰。不只是動態有氧運動，靜態伸展如瑜伽、拉筋操等也能達到同樣效果。

2、提升專注力、記憶力

　　運動時大腦還會釋放 BDNF（brain-derived neurotrophic factor，腦源性神經滋養因子），是大腦非常需要的營養蛋白質，可保護神經、促進神經增生與再生、保護腦細胞存活等；它還能促進腦細胞之間的「突觸可塑性」，對於促進長期記憶很有幫助。腦部血液循環良好，腦部含氧量增加，腦力及專注力因而提升。

3、消除身體疲勞

我們每天上課上班，勞心而不勞動，容易引起生理、心理疲勞。而運動能使大腦刺激強度得以轉換、調整，除了調節身心疲勞外，還能增進夜間睡眠品質，使我們的身心能夠獲得真正的休息。

4、增加創意

透過運動，能活絡感性的右腦，深藏於潛意識中的創意也會成功現形，使我們靈光乍現，好點子源源不絕，我們的創意思考，也更容易流暢完整表達出來。

小練習

甦活我們的身心

嘗試每周做3次以上的運動，每次運動30分鐘即可。沒時間特地去運動也沒關係，如公車、捷運早一站下車，快步走到目的地；或是上樓不坐電梯，用爬樓梯來取代，至少有提高心跳速率的機會。當我們持之以恆這麼做一個月後，試著覺察自己的身心跟平常有何不一樣？

常見的快樂激素有哪些？

1、多巴胺（dopamine）

　　多巴胺被稱為「快樂物質」，主要是透過「快樂的感覺」讓我們「上癮」，進而養成「習慣」；所以當我們往自己的人生目標前進，讓自己更好，大腦就會出現比較多的多巴胺。

2、血清素（serotonin）

　　血清素有「快樂荷爾蒙」之稱，可增加副交感神經的活躍程度，讓人感覺放鬆，有助於調節情緒、睡眠、食慾、消化和腸道蠕動，以及學習力和記憶力；在精神醫學的領域中，血清素有助於振奮心情，協助憂鬱的人走出生命的低谷。

3、催產素（oxytocin）

　　催產素常被稱為「愛的激素」，對於分娩、分泌母乳、哺育寶寶和建立親子間的安全依附很重要，會因為親吻、擁抱等的身體接觸和情感而增加；受人信任的人際互動及連結，以及增強歸屬感的行為，都可以觸發催產激素的產生。

4、腦內啡（endorphin）

　　腦內啡是人體的天然止痛藥，可以產生愉悅感，幫助我們暫時的忽略痛苦，得以堅持下去；除了藉由運動產生的痛苦來增加腦內啡外，「笑」也可以刺激部分腦內啡的分泌，增加幸福感。

6-6 悠哉慢活的力量

「人生就是一場賽跑，時間就是金錢，上學上班的時候要把行事曆排得滿滿，假日度假時也要把行程排好排滿，才不枉特地花錢花時間旅行⋯⋯。」

　　從學生到上班族，無時無刻生活在高度壓力下，我們自己或周邊的人都有意無意地不讓自己暫停、無所事事。2001 年科學家賴希勒（Marcus Raichle）利用 fMRI 功能性磁振造影來觀察大腦，發現一件很有趣的事情，就是**當人們發呆或者做白日夢時，大腦的某一部分仍會一直活躍著**，叫做預設模式網絡（default-mode network，DMN）。也就是放空時，我們以為大腦也會暫停，但其實默認模式系統正在活躍地運行，**組織並重組我們的資訊與經驗，建立神經細胞的新連結，讓我們產生創造力，靈光乍現**。

　　我們不妨試著回想，曾經苦惱很久的問題，答案突然蹦到腦海中時，我們正在做什麼？可能只是在散步、洗澡、睡午覺，總之肯定是讓腦袋處於放空、懶散的狀態。

　　化學結構理論主要創始人弗里德里希·凱庫勒於 1865 年提出苯分子的環狀結構圖，聲稱是在午休時，夢到一條蛇咬住了自己的尾巴受到啟發；物理天才愛因斯坦極為了享受打瞌睡的樂趣，他手裡會握著

一串鑰匙，一旦睡得太沉，鑰匙便噹啷落地。所以，愛因斯坦的小睡長度總是很準確固定，不多也不少，恰如其分。這些名人在傑出的同時，也都充分享受放鬆放空的樂趣，使自己的成功更上一層。

我們都明白，想要改變自己閒不下來的習慣真不簡單，但如果我們從早忙到晚，卻不見有真正的大進展時，此時不妨可試著讓自己慢下來，做一些跟工作無關，而自己很有興趣、或一直想做而沒時間做的事情，靈光乍現也許隨之而來！

 小練習

享受休閒的樂趣

找個假日早晨，睡覺睡到自然醒，然後吃頓豐富、緩慢且沒有 3C 的早餐，翻翻跟工作不相干的雜誌，甚至是眺望遠方的山或美麗的白雲，覺察一下我們的身體跟心理有什麼感覺。

懶螞蟻效應

北海道大學生物小組對黑螞蟻做了研究：

把螞蟻分為三個小組，每組三十隻，觀察牠們的行為。他們發現，絕大部分螞蟻都很認真的工作，不斷地尋找、搬運食物，但卻有極少部分螞蟻，卻只是東張西望，無所作為，研究人員在這群螞蟻身上做了記號，稱之為「懶螞蟻」。接著研究人員故意斷絕整個蟻群的食物，有趣的事情發生了，那些平時工作很認真的螞蟻突然無所適從，而懶螞蟻卻挺身而出，帶領螞蟻們去偵察其他食物。

原來，這些懶螞蟻看似悠哉度日、無所事事，但牠們其實是把專注力放在偵察，持續觀察、探索新的食物來源。這就是所謂的「懶螞蟻效應」，看似懶散工作，其實將專注力放在動腦及觀察，在必要時刻帶領組織度過危機。

6-7 把上網當成小福利，而非生活必需品

「現在網路太強大，明明只是要上網查個資料，卻不自覺在上面流連，時光飛逝都不自覺……」

對人類來說，網路及其衍生的科技產品，是現代忙碌生活的大幫手，一旦我們被網路牽著鼻子走時，網路跟這些科技產品卻是寶貴時間的大殺手。我們可以怎麼做呢：

1、集中安排上網時間

透過每天行事曆，將可能會使用手機或上網的行程，集中安排、限制使用時間，以避免影響重要任務。

2、事先收集資訊

在處理困難或無聊的任務時，不要連上網，若任務一定得靠網路才能進行的話，在執行任務前，將該有的資訊收集完畢，盡可能地在執行任務時，減少上網的機率。剛開始施行，前兩、三周絕對是最痛苦、最不適應的，但習慣之後，一定可以從空下來的腦袋及時間，感受前所未有的效率及自在。

3、偶爾暫離網路

　　暫離網路可以讓我們減少時間在既不重要也不緊急的任務上，如社交媒體、廣告電子郵件等；這些多出來的空檔，我們可以用在處理零碎但重要的待辦事項，或甚至每天花 30 分鐘運動、讀書、學習，使這些多出來的時間，發揮更寶貴的價值！

4、從殺手變成幫手

　　如果上網社交互動或追劇，對我們生活無比重要，那麼我們可以透過行事曆的安排或時間管理相關 App，把上網當成任務達成才有的小福利。利用大腦的獎勵機制，建立正向增強的好習慣。那麼有條件的上網，除了可以節省時間，更可激發我們完成任務的動力。

 小練習

把上網當成完成任務的小福利

選擇一項不需要網路就可達成的任務，在執行任務中，也不要使用網路相關設備，把上網當成任務完成時的小福利。請覺察我們執行此件任務，在效率上、心情上，跟平時有何不同。

暫離網路，找回快樂的感覺

多巴胺（dopamine）是一種神經傳導物質，能傳遞開心以及興奮的訊息，也是大腦獎勵系統的重要組成，主要是透過幸福及快樂的感覺，讓我們「上癮」，進而養成「習慣」。

除了 3C 產品外，還有對身體有益，又促進多巴胺分泌，擁有幸福快樂感覺的方法：

1、攝取富含酪氨酸的食物

多巴胺是透過酪氨酸合成，所以適量的補充酪氨酸能促進多巴胺的分泌，如大豆、奶製品、魚肉、堅果等高蛋白食物，多攝取這類食物能幫助我們獲得快樂的感覺。

2、睡飽

睡眠充足能幫助平衡體內多巴胺濃度，並維持專注力和腦力。

3、進行有氧運動

時常定期進行有氧運動，不僅能夠鍛鍊身體、維持身體健康，還能有效的增加多巴胺的分泌，讓人獲得快樂的感覺。

4、多曬太陽

適量的陽光影響多巴胺的受體數量，雖然無法直接增加多巴胺，但是能增加身體對多巴胺的敏感度。每天大約曬 5 ～ 10 分鐘太陽，帶來更多喜悅。

5、靜坐冥想

研究發現，靜坐可以增加多巴胺的濃度達 64％，體驗自在平靜的美好。

你的個人時間
活用術：

時間管理心法圖表 17 選

日計畫表 -1
Daily plan

日期 *Date.*

待辦事項 *To do list.*

6：00	
7：00	
8：00	
9：00	
10：00	
11：00	
12：00	
13：00	
14：00	
15：00	
16：00	
17：00	
18：00	
19：00	
20：00	
21：00	
22：00	
23：00	

重要事項 *Important list*

Memo

日計畫表 -2

My daily plan

重要任務 *Important Tasks*

認真喝水 *Water Tracker*

感謝日記 *I'm Thankful For*

別忘了 *Quick Reminders*

日計畫表 -3

Daily plan

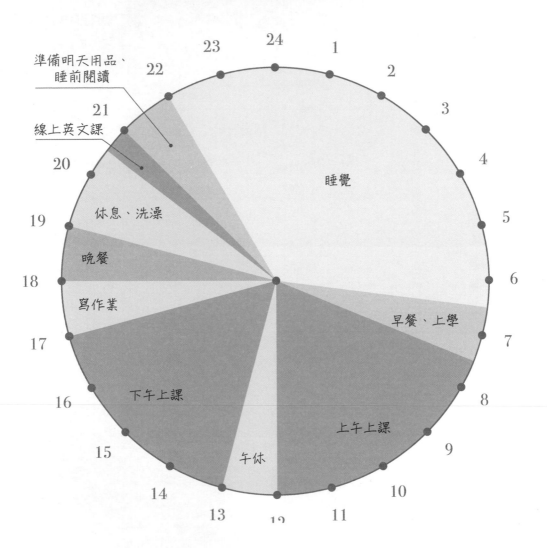

歡迎複製，盡情練習

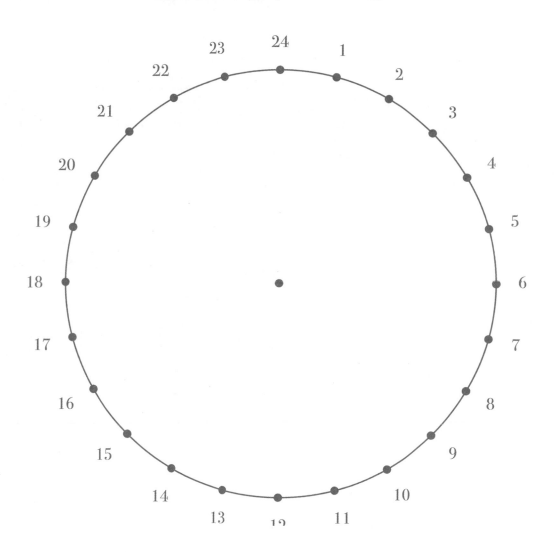

Daily plan

周計畫表 -1

Weekly Plan

大事記

本周日母親節！

練習時數

1. 鋼琴2小時
2. 英文30minX4
3. 跑步30minx3

再加油

目標

月底之前再瘦

2公斤！

每周計畫

周一
1. 背單字
2. 小組上台前討論，確認PPT

周二
1. 準備上台報告，試講
2. 英文作業L5

周三
1. 分組期中報告
2. 和阿謙去吃壽司

周四

洗床單、被單、枕頭套

周五
1. 營隊第一次籌備會議
2. 完成社課講義

周六
1. 買母親節禮物
2. 回家

周日
1. 家族聚餐
2. 圖書館還書

Weekly Plan

大事記

每周計畫

練習時數

目標

周一

周二

周三

周四

周五

周六

周日

周計畫表 -2

Weekly Plan

每周主要目標：

	周一	周二	周三	周四	周五	周六	周日
6：00							
7：00							
8：00							
9：00							
10：00							
11：00							
12：00							
13：00							
14：00							
15：00							
16：00							
17：00							
18：00							
19：00							
20：00							
21：00							
22：00							
23：00							

投入主要目標的時數：

月計畫表

年　月

星期一	星期二	星期三	星期四	星期五	星期六	星期日
●	●	●	●	●	●	●
●	●	●	●	●	●	●
●	●	●	●	●	●	●
●	●	●	●	●	●	●
●	●	●	●	●	●	●
●	●	●	●	●	●	●

待辦事項清單
To Do List

日期：

項目	工作內容	工作目標	完成日期
重要任務 ①			
②			
③			
④			
⑤			
日常工作 ①			
②			
③			
④			
其他 ①			
②			
③			
練習與目標			

工作進度表
Work Schedule

序號	①	②	③	④	⑤
工作內容					
負責人 參與者					
預定 完成時間					
完成進度： 年 月 日到 月 日　周一					
周二					
周三					
周四					
周五					
實際 完成時間					
總結　總檢討					
優／缺點					
問題 解決對策					

大腦傾存

　　大腦傾存的英文是 Brain Dump ——先把腦子清空，意思是為了讓自己有更多的思考空間，先把待辦事項或是情緒想法⋯⋯寫下來，再分別列入日／周／月計畫表裡。腦子清空後，可以有效降低焦慮，當要思考新事情時，就能有效率的進行；而列入計畫表裡的待辦事項，也不會忘記，能集中注意力一一完成。

Brain Dump

日期：

緊 急

- [ ] 企畫案補件期限到今天
- [ ] 預算下班前送財務審核
- [ ]
- [ ]
- [ ]
- [ ]

明 天

- [ ] 小明學費繳費
- [ ] 便利商店取件
- [ ]
- [ ]
- [ ]
- [ ]

本 周

- [ ] 周五接種疫苗 14：00～15：00
- [ ]
- [ ]
- [ ]
- [ ]
- [ ]

下 周

- [ ] 找好露營區，兩帳
- [ ]
- [ ]
- [ ]
- [ ]
- [ ]

Brain Dump

日期：

緊 急

- [ ] ....
- [ ] ....
- [ ] ....
- [ ] ....
- [ ] ....
- [ ] ....
- [ ] ....
- [ ] ....

明 天

- [ ] ....
- [ ] ....
- [ ] ....
- [ ] ....
- [ ] ....
- [ ] ....
- [ ] ....
- [ ] ....

本 周

- [ ] ....
- [ ] ....
- [ ] ....
- [ ] ....
- [ ] ....
- [ ] ....
- [ ] ....
- [ ] ....

下 周

- [ ] ....
- [ ] ....
- [ ] ....
- [ ] ....
- [ ] ....
- [ ] ....
- [ ] ....
- [ ] ....

習慣追蹤表

　　習慣的養成需要靠有系統地累積，利用習慣追蹤表來了解自己有沒有確實執行某項習慣是非常便利的方式，操作也相當簡單實用。只要確立目標，每日／次成功執行後就劃掉一個圓圈，注意不要有兩次以上的中斷，100 天後，可回頭檢視這項習慣是否成功地建立起來了。如果成功的話，別吝嗇給自己一個獎勵吧！

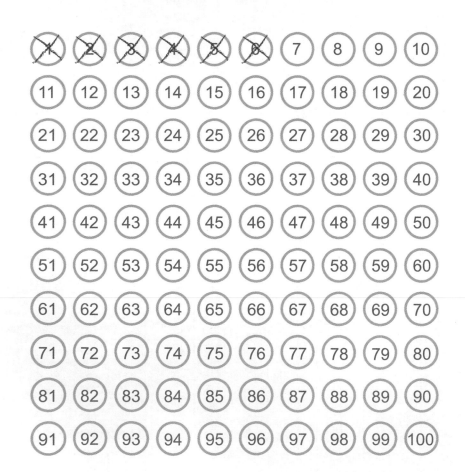

100天習慣追蹤表

我想建立的習慣：每天跑步

　歡迎複製，盡情練習

100天習慣追蹤表

≫⟶ 我想建立的習慣 ⟵≪

_____

_____

_____

①	②	③	④	⑤	⑥	⑦	⑧	⑨	⑩
⑪	⑫	⑬	⑭	⑮	⑯	⑰	⑱	⑲	⑳
21	22	23	24	25	26	27	28	29	30
31	32	33	34	35	36	37	38	39	40
41	42	43	44	45	46	47	48	49	50
51	52	53	54	55	56	57	58	59	60
61	62	63	64	65	66	67	68	69	70
71	72	73	74	75	76	77	78	79	80
81	82	83	84	85	86	87	88	89	90
91	92	93	94	95	96	97	98	99	100

四象限法則

從「緊急且重要」的任務先完成，接著再依個人狀況，執行「緊急但不重要」、「重要但不緊急」任務。一般來說，因為時間壓力，所以通常會先選擇執行「緊急但不重要」的任務，但如果想達成遠程人生目標，我們就必須在「重要但不緊急」的象限中，投入更多比例的時間。因為時間非常寶貴，我們需要學會對不重要的事情勇敢說「不」；「不重要不緊急」的任務，則盡可能捨棄。

四象限法則

重要

分解任務、制定計畫、
按部就班：

立即解決：

1. 進修商務英語
2. 雙北看屋

下班前提交年度預算表

不緊急

緊急

能不做就不做，
或與他人分擔：

PASS

整理商品展區

不重要

四象限法則

重要

分解任務、制定計畫、
按部就班：

立即解決：

不緊急 ——————————————————— 緊急

能不做就不做，
或與他人分擔：

PASS

不重要

SWOT

個人SWOT分析

以行銷業務為例

優勢
Strengths

- 國立知名大學畢業
- 領域資歷10年
- 有西進中國經驗
- 喜歡吸收業界新知

劣勢
Weaknesses

- 不擅長與同事交際
- 對上司指令容易照單全收
- 壓力大時身體容易出狀況
- 加班較困難

機會
Opportunities

- 近年台灣的國際能見度提升
- 遠距上班機制成熟
- 產線在台灣，易於控管

威脅
Threats

- 語言文化尚有隔閡
- 航運不順造成成本大幅上漲
- 國外新人訓練時間更長

個人SWOT分析

優勢
Strengths

劣勢
Weaknesses

機會
Opportunities

威脅
Threats

PDCA ※詳細概念說明請見125頁。

6月28日 XX公司30周年紀念活動與簡介影片拍攝提案

ᚘ 計畫 ᚘ

8:00-10:00 例會
11:00-12:00 對內提案討論
12:00-13:00午餐
13:00-16:00（暫定）
前往客戶公司提案
17:00（暫定）
回公司報備，下班

ᚘ 執行 ᚘ

・提案單位共10家，我們第8家
・評審提出預算是否能支應我們
　所提企畫
・我們提出的駐點服務人員機制
　獲得好評
・我們列的顧問清單與同意書引
　起評審小聲討論

Plan　Do

Action　Check

ᚘ 行動 ᚘ

・簡報多媒體的部分，喇叭
　該更新了
・主管沒辦法每次跟，要先
　跟公司確認我的權限到哪
　裡，可以答應什麼東西、
　什麼要求要小心婉拒
・要視現場情況轉換提案風
　格，無論是穩重或活潑，
　需要對內容滾瓜爛熟

ᚘ 檢核 ᚘ

・鐵運不太好，倒數第二家評審
　已略顯疲態
・找了一下提案辦公室的正確地
　點，還好及時趕上了，以後應
　更早到
・主管隨行可即時確認、允諾承
　辦單位需求，互動良好

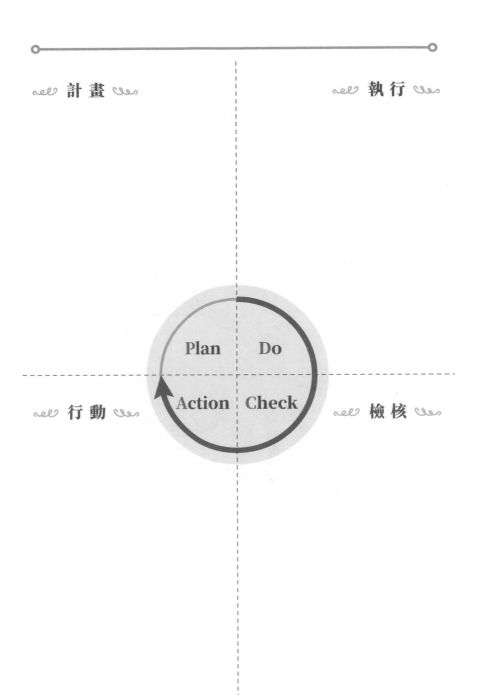

計畫

執行

行動

Plan Do

Action Check

檢核

心智圖

　　可以在心智圖的中心主題部分，寫上日期與本周目標重點。用一天代表一條脈的方式來畫，很容易就可以知道某一天的事情是否安排太多。每完成一項內容，也可以在圖上直接劃掉，或是用打勾的方式來註記。一周結束，就可以很方便地看出自己的時間掌握有沒有問題？或者觀察自己有沒有拖延的習慣？

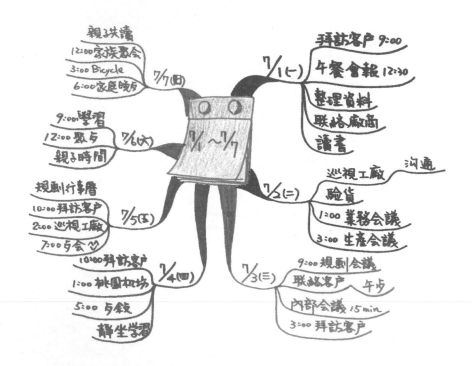

※資料來源：胡雅茹《心智圖超簡單》【全新增訂版】，晨星出版。

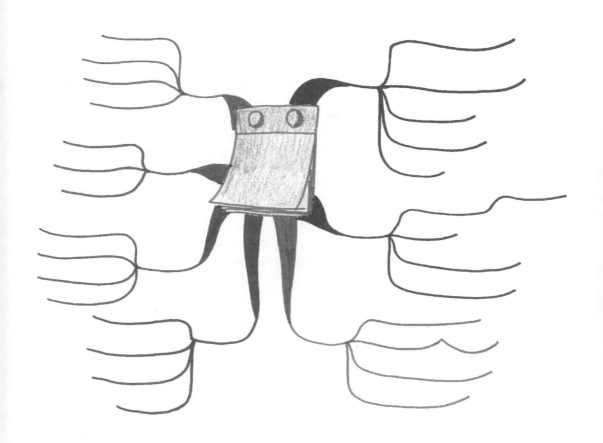

曼陀羅九宮格

　　使用**正面用語**擬定行動目標後,安排出各時段的計畫表。對於不知道該怎麼思考的人,或是不知道該從哪些地方開始思考的人,曼陀羅思考法會很管用,因為看著空白格子,大腦自然而然地就會想要去填滿,循序漸進便可完成一整年度的計畫。

Step1 在12宮格的中心位置寫上這幾個字:2022年的計畫。
Step2 以順時針的方式,在每個月份中,寫下當月份要達成的行動。

※資料來源:胡雅茹《曼陀羅九宮格思考法》,晨星出版。

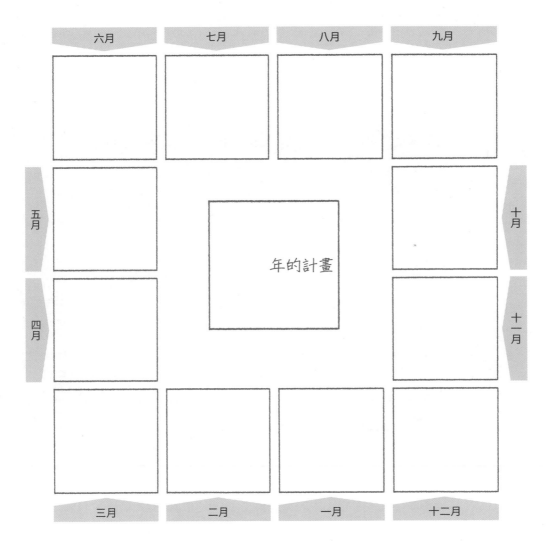

那些相信自己能夠透過一些方式來完成目標的人，會設定自己能力範圍內可以達成的目標。他們相信這些目標是能夠實現的，相信自己有達到目標的行動力。有自我效能感的人，會自己想辦法去將大目標拆解成小目標，並努力活用時間、安排出執行計畫。

Step1 在9宮格的中心主題處先寫下總目標。
Step2 再寫下每個月想達成的階段性目標（里程碑）。

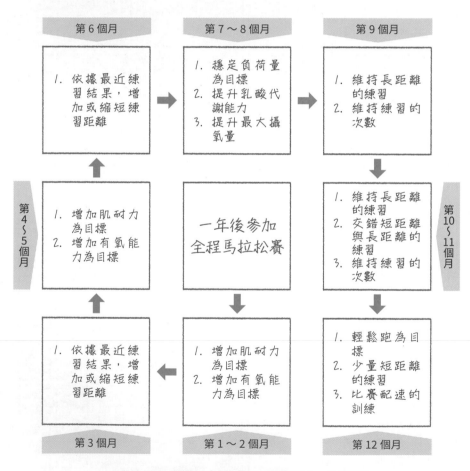

※資料來源：胡雅茹《曼陀羅九宮格思考法》，晨星出版。
※馬拉松是具有專業性的運動，錯誤的練習計畫有可能造成運動傷害，因此需與專業教練討論後訂定，此處僅為參考範例。

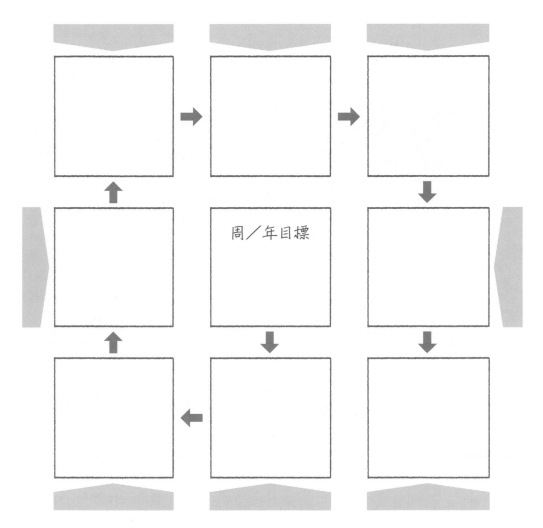

周／年目標

※資料來源：胡雅茹《曼陀羅九宮格思考法》，晨星出版。

國家圖書館出版品預行編目（CIP）資料

時間活用術/吳惠璘編著. -- 初版. -- 臺中市：晨星出版有限公司, 2022.07
　200面；　16.5×22.5公分. -- (Guide Book；268)
　ISBN　978-626-320-184-2（平裝）

　1.CST: 時間管理 2.CST: 成功法

494.01　　　　　　　　　　　　　　　　　　　　111008551

Guide Book 268

時間活用術
教你把事情做對做好、提升效率的24小時管理祕笈

編著	吳惠璘
編輯	余順琪
特約編輯	楊荏喻
封面設計	高鍾琪
美術編輯	林素華、陳佩幸

創辦人	陳銘民
發行所	晨星出版有限公司
	407台中市西屯區工業30路1號1樓
	TEL：04-23595820　FAX：04-23550581
	E-mail：service-taipei@morningstar.com.tw
	http://star.morningstar.com.tw
	行政院新聞局局版台業字第2500號
法律顧問	陳思成律師
初版	西元2022年07月01日

讀者服務專線	TEL：02-23672044／04-23595819#212
讀者傳真專線	FAX：02-23635741／04-23595493
讀者專用信箱	service@morningstar.com.tw
網路書店	http://www.morningstar.com.tw
郵政畫撥	15060393（知己圖書股份有限公司）
印刷	上好印刷股份有限公司

線上讀者回函

定價 320 元
（如書籍有缺頁或破損，請寄回更換）
ISBN： 978-626-320-184-2

圖片來源：shutterstock.com

──── | 最新、最快、最實用的第一手資訊都在這裡 | ────